新時代の食と農業へのいざない

驚きと称賛
世界中に広がりだしている
日本の農業指導者
神谷成章の農業技術

大下 伸悦

まえがき

一度植えれば一年中、トマトやキュウリがなり続け出荷され続けていく。トマトの背丈が二〇メートルまで伸び、キュウリが三〇メートルにまで伸びる。二年でも三年でも、もちろん冬でも正月でもなり続けている。

しかも、栽培で用いている資材は、自然な炭化（カーボン化）資材とカーボンエキスのみであるといっていい。信じられないという人は実際に見てみたらいい。

ハウス栽培で約三万株のキュウリを栽培なさっている知人は「冬季の暖房費がほとんどかからない」とおっしゃられていた。どうやらハウス栽培での暖房費は極端に減らすことができるようだ。「今までの化石燃料一辺倒の栽培は間違いである」ということになる。

ある自然素材を土壌に鋤（す）き込むと、これに太陽光が作用して虫が寄ってこない畑になり、草取りに煩わされることのない畑になっていく。そういう畑になっていくのである。しかも自然界のなかでも最も優れた蘇生力の高い土壌と空間になっていく。

自分が耕すことで、やせた土地やけがれた土壌が優良な自然へと回帰するのだから「究極の自然農」ということもできる。蘇生力豊かな土壌は「地中」から電子が常に空中に漏れ出していて、植物の成長が早まり収量が増して、おいしいものができるという特徴がある。故楢崎皐月《ならざきこうげつ》氏（発明家）はこういう土地を、確か「いやしろち」という名で特別視なさっていた。自分の選択によって整えられた土壌がきわめて良質な自然へと回帰していくのである。

ビックリすることはまだある。従来の連作障害に関する常識は間違いで、何十年でも連作できるようになるというのである。農薬も除草剤もいらないということになる。化成肥料も消毒剤もいらない。強い種にしてから植えるというようなことも可能になる。

栽培の経費が劇的に減って人に喜ばれるものが出荷できるのなら、赤字になりようがないではないか、と思うのは私だけだろうか。

生き方の視点を変えてみれば、就職を求めて「三十歳の年齢制限」に跳ね返されることもなく、性別制限にも無縁で、定年もなく「生涯現役」を貫ける分野がある。

草取りと虫から解放されてみれば、楽を楽しんで、黒字経営が確実な農業の新潮流がある。

本書には農業者や新規参入者が確実に黒字運営できる実践法が満載されている。保湿に優れ、水はけがよく、地温変化の少ない畑が短期間でできあがる。読み進めていくなかで、たくさんのビックリ現象に出会うことだろう。

世界的な農業指導者「神谷成章」氏のもとで農業技術を学ぶため、外国からの訪問者が後を絶たない状況になってきている。

カンボジアからの方は「神谷先生のご指導によってコメの収量が、想定の範囲をはるかに超えて周囲が驚嘆するほどの結果となった」と報告、謝意を伝えるために訪問なさった、とのことであった。さっそく神谷先生の農業技術を国策として導入する国々が出てきている。

神谷先生は御年八十二歳（二〇一四年時）、二十七の国際特許の開発者であるが、農業技術の研究歴、実践歴は六十年を超える。

先生は「農業で赤字になるなどというのは私には信じられない」とおっしゃられる。

実際、神谷先生の指導を受け入れている方には、赤字経営の方は一人もいらっしゃらないとのことである。

トマトやキュウリが暖房もなしに越冬してなり続けている現場は、実際に実践者の施設の見学をさせていただいた折に目の当たりにしている。

これからの時代、農業が最も安定した職業となっていくのではないだろうか。

株価や為替などマネー事情に翻弄される会社や個人が多いなかで、食の大もとに携わる農業者には、安定した裕福な農業経営を選択する道が用意されている。

私も農業への転身者であるが、この書はプロの農業者だけではなく、いままでの農業へのイメージが一新されると思う。農業は生きがいが得やすい分野であることは確かである。農業に興味がないという方でも、子どもや自分の健康のための「摘みたてサラダくらぶ」という栽培プロジェクトにご参加いただける。

袋に専用の土を入れて、半年に一回種を播くだけ。根と生長点は残し、葉を摘んで食べ続ける。半年したら抜いて、土にカーボン資材を混ぜ、また種を播く。

健康維持のためには毎日摂取しなければならないのがビタミンCとEといわれるが、それが一年中取れて、病気知らずの生活が可能になっていく。

「農業は知的ゲーム」ととらえるとやりがいが出てくる。そして、人生もまた「知的ゲーム」ととらえれば生きがいが得られるのではないか。

どうぞ、ビックリワールドを覗いてみてください。

大下伸悦　拝

木曽路　馬籠宿にて

もくじ

神谷成章先生

1　キュウリ栽培者、推定五千万円の売上・一〇アール当たり推定一千万円

キュウリが一年中実り続けるという。したがって年中、出荷を続けている栽培者がいる、ということになる。

海外にも名がとおっている農業指導者、神谷成章先生は次のようにおっしゃられる。

「キュウリ栽培といえば、昔は一〇アール（一〇〇〇㎡）につき、約千本植えていた。いまは七千本を植える時代になった」。「七千本ということは、一日に七千本収穫できるということになる。だからいまは一〇アール当たり四〇トン、五〇トンの出荷が可能になってきている」。「そうすると、一〇アール一千万円ぐらいの売上が可能になってくる」。

「しかも、指導どおりに栽培していただければ、一〇アール当たり十四万円はかかるという土壌消毒代がかからない。化学肥料がいらないのだからそれによる弊害も発生しない。虫が発生しないようになっていくから、農薬代もかからないという流れになっていく。また除草剤代もいらなくなっていく」。「連作障害とも無縁になっていく」と言う。

「毎年、同じ野菜をつくっているなら連作障害があるはずだ」というのは、どうやら「ひ

と時代前の認識」からくる思い込みのようである。「原理を知っていれば、四十年同じもの

を栽培し続けても連作障害はない」とも言う。

神谷先生の話は続く。

「私から見れば赤字になるというのは不思議でならない」。「しかし、ひと昔前のままに行って、一〇アール当たり二〇トンしか取れないという人は、赤字で辞めていくような事態に陥っていく」。「それでもズルズルと続けていれば、やがては田畑屋敷まで失っていくということになってしまう」。

自然界の理（ことわり）に則って土壌環境を整えれば、キュウリでもトマトでも野菜は年中、実り続ける。常に自然界と向き合わざるを得ない農業者は、自然界の理を知らなければいつでも不安と同居することになる。

しかし、栽培を続ける以上は黒字になってもらわなければ、日本の農業の将来は暗い。上手な栽培の仕方がある。素直に学び、素直に実践することが大事である。

「コツは、成功している人と同じようにするだけである。そうすると、誰にでも同じようにできる」と神谷先生はおっしゃられる。

指導どおりに行えば、農薬や除草剤もいらない。体にいい理想の野菜を提供して口にした

人に喜ばれる。みんなが喜び、自分の良心も喜ぶ。他者貢献をして、裕福に自他同然に生きる喜びを手中にしている人たちがいる。

植物は栄養を夜に取り込む
昼は水と窒素のみ、それ以外はすべて夜である（神谷）

2　トマトもナスもキュウリも一年中栽培できる（通年栽培可）

神谷成章先生の栽培施設では、さまざまな野菜や果樹が栽培されている。その栽培施設の一つを見学させていただいた時のこと。

「先生、ここに生えているのはナスですよねぇ。ひょっとしてナスも一年中、なりっぱなしなのですか」

「そうだよ」

「そうだよって！　先生、もうナスの茎が幹になっておりますよ（笑）」

トマトはキュウリ以上に人気があり、市場価値（需要）が高いという。そのトマトが一回植えると何年でも生え続けているという。二年でも三年でも。

しかし、年々老成とともになりの効率は悪くなってくるので、一年ごとに植え替えるようにしているとのことだが、栽培用ハウスの入り口脇にはちょうど抜き取られて間もないトマトがおいしそうな実をつけたまま、無造作に横たえられてあった。

土壌消毒代ゼロ、除草剤代ゼロ、農薬代もかからない。化学肥料もいらず、自然資材のみ。これでは赤字になりようがないではないか。しかも、芽かきをした芽がそのまま苗になるのである。

初年度から神谷先生や超プロ（浅岡さん、鈴木さん）の方々の土壌づくりのレベルに達するのは無理にしても、かなりのところまでになることは私自身が実践しているので断言できる。人類百億人でも賄いきれるし、栽培すればその土壌が自然態へと回帰していくのである。

土壌と空間との間に、その植物の生育条件が整っているかどうか、条件が満たされていれば生育し続けるし、そうでなければ枯れるという自然の理（ことわり）どおりを先生は実践しているだけなのだということが見えてくる。

不思議なことはどこにもない。自然の摂理に従い、自然界に働いてもらうだけなのだといえる。

特徴は、いままで人類が着眼していなかった、地球上初めての生命（古細菌／超好熱菌）を農業資材づくりに活用し、土壌に混入するところにある。太陽光の恩恵を知って最大限に活用し、土ができてさえいれば何年でも生育し続けるということである。

次に、土壌上部の水と、深い部分の水が切れたままではなく、つなげてから植えればよいとおっしゃっていた。そうすると、以降は構わずともよし、と言うのである。その意味は、七か月ぐらい先、一般の農家が大騒ぎする頃に、なにもしなくていいということを意味している。正直、驚くばかりである。それでいて行うことはきわめてシンプルなのである。

楽に、単純にを追及する。それはたくさんの創造行為を楽しんで、人生を謳歌するためである。まるで、苦労は無知の人の特権だ、とでも言わんばかりである。

確か、トマトは地温一〇度、室温八度ぐらいと言っていたのではなかったか。天才の話はシンプル過ぎて聞き逃してしまう。聞き直すと自分の脳が劣化しているのが見えてしまいそうなので、つい黙ってしまう。

実はこの日の訪問理由は、寒さに弱い「山のイモ」系やサツマイモの冬季の保管法を教わるためであった。

自然薯以上の粘度があるというインドネシア原産の大薯（ダイジョ・ダイショ）がたくさん収穫できたのだが、寒さには極端に弱い。サツマイモも同じである。そこで、日本での栽培を試験中の神谷先生に保管方法を教わるため、保管庫を見学させていただいたのであった。

冬季は栽培施設の一角を保管場所としていたが、

「先生、こんなあっさりした保管法でいいのですか」

「そうだよ」

それにしても簡単、労力もかからず、おそらく保管後の後始末もいらない。

植物は自分の生涯は自分で決めている
土壌の温度が快適なら、トマトもキュウリも何年でもなり続ける
背丈は二〇メートルにでも、三〇メートルにでもなる
それを自然体という　（神谷）

ハウスのトマト畑にて

3　世界第二位の農産物輸出国、農業先進国のオランダが神谷成章氏の技術を導入

オランダは農業大国である。オランダといえば海水面より低い国土で、しかもその面積は九州ぐらいの小さな国というイメージしかないが、農産物の輸出はあのアメリカに次いで世界第二位の農業大国なのである。

そのオランダが日本の農業技術を積極的に導入しているというのは、実に痛快なことである。しかし、私たちにとってはあの風車の風景しか思い浮かばないオランダが、世界から羨望の眼差しで見られている。

オランダから見ればなにもかもが恵まれているのが日本である。農業を憂い、自己憐憫をしてみせるのも、裏返せばこの恵まれた国土の豊かさがあればこそである。

以下、『週刊東洋経済』（二〇一四年二月八日号）四八頁より転載。

私たちは栽培ハウスといえばビニールハウスを思い浮かべるが、オランダのそれは「ガラスハウス」であり、このガラスハウスの世界の四分の一がオランダに集中していて、その中

心地（オランダ西部）はグラスシティと呼ばれているという。

種ジャガイモは世界シェアの六割を占め、輸出額は世界一位だという。

また、トマトの単位当たり収量は、一ヘクタール当たり四八トンと驚異的な実績を誇っているという。（以上、転載ここまで）

しかし待ってほしい。トマトのデータがないのでキュウリの収量を示すが、神谷先生の指導によるキュウリの収量は一〇アール当たり二五〜四〇トンなのである。一ヘクタールに直せば二五〇トンであり、四〇〇トンということになる。彼らは農薬を使っているのかどうなのか。私たちは使っていない。

農業大国オランダは、しなやかにしたたかに神谷成章氏の農業技術を導入しているのだが、日本はどうか。

4 「毎日軽トラックの新車が一台買えるぐらいの所得」との噂

愛知県安城市のキュウリ栽培者で五〇アールのハウス栽培をなさっているほか、食べたら患者の治りが早いと病院からお墨つきをいただいている評判のお米の栽培でも有名な方がいる。

神谷先生の「毎日軽トラの新車が一台買えるぐらいの所得」という半ば冗談めかした言い方には妙にリアル感があって惹きつけられるものがある。

世界一のキュウリ栽培者とも称される有名な方であるが、こういう運も実力も備えた超プロにはどうしてもお会いして、ツキのお裾分けをいただきたいものだと思っていた。

神谷先生のご紹介でお会いさせていただく瞬間までは、初対面ということもあり、また全国的に名前のとおった篤農家とうかがっていたこともあって、こころもち緊張したが、お会いしてみると温和で親しみ深さを感じる農業指導者であった。

この浅岡さんほどの農業の超プロともなれば、自然界の摂理に長じており、自然界を相手になさっているがゆえに謙虚過ぎるほど謙虚な哲学者という印象が残っている。安城市のキュウリ栽培部会のトップの役も担っておいでとのことであった。

曇り空の時、植物は働きを止める。栄養を吸えない

ハウスにて　浅岡さん

しかし、曇り空でも働かせ、成長させることはできる
それがプロである　（神谷）

5　五〇アールで推定三万五千本のキュウリを栽培、世界一のキュウリ栽培

神谷先生のお話では、浅岡さんは一〇アール当たり七千本のキュウリを栽培なさっていらっしゃるとのことであった。すると、五〇アールだと三万五千本ということになる。

個体一本当たり一日に一本収穫するとするなら、一日三万五千本出荷するということになるのではないか。やはり、キュウリはほぼ一年中出荷なさっているとのことである。

安城市の浅岡さんのキュウリは「みどりの恋人」というロマンチックなブランドで人気がある。いまやキュウリは食べるだけでなく、「へちま水」と同等の美容効果が知られ出しており、しかも安価で手軽に手に入ることから、手づくり美容液用への需要が増していくものと思われる。実は私自身が手づくり美容液用のキュウリの流通を考えている。

葉を通じて根っこに教育させる
そうしないとリンなどを吸収できない　（神谷）

6　ハウス栽培、冬の暖房がほとんどいらない、それぐらい激減する

「冬季、夜間の暖房は植物のストレスとなり、暖かくなってから後遺症が出る。具体的にいえば、実りが悪くなる。夜の間は、彼らを落ち着かせてやることが大事なのだ」と、鈴木さんは言う。鈴木さんは愛知県西尾市で、五〇アール超の栽培施設でのキュウリ栽培を行っている。

「土づくりがしっかりできているので、冬季の暖房はほとんど意識しないぐらい極端に減らせる」

「大事なのは地温である。地温が二〇度を保つように土づくりをしてある」

「地温は二〇度、室温は一〇度前後が目安である。地温が室温を上回っていることを常態としなければならない」

「地温は表面ではなく根っこの収まっている位置の地温である」と、鈴木さんは言う。

「水は、温度の高いほう（地中）から低いほう（空中）へと逃げていく性質がある」やかんでお湯を沸かしてみればわかる。お風呂のお湯を見てもわかる」と、神谷先生はおっしゃられる。

言われてみれば確かにそうだ。山にたなびく霞を見ればわかる。枯葉などの下の活発な微生物の活動によって、温かい土壌から雨上がりの冷えた空気へと霞が立ちのぼっていく。植物はその霞をごちそうとしているわけだ。

それは真夏の地表を見てもわかる。陽に熱された地表から、水分が空中へと上がっていく。

「経験上、冬季の暖房ストレスによって、植物（キュウリ）の活動は春以降、暖かくなってから鈍くなる（実りの質が悪くなる）」と、鈴木さんは言う。

「暖房は自然の摂理に反している。空気のほうの温度が高ければ自然な水の循環が阻害される。真逆のことをやって、使わなくてもいい燃料費を垂れ流している。燃料代が高いとか安いとかいう次元の話ではない」

これは神谷先生からのお言葉である。

整理をしておこう。

●暖房をかければ植物たちへのストレスが増す。

●土壌が温かくて室温が低ければ、水は土の深部から植物の上部へと栄養とともに自然に上がってくる。植物にとって、そんなありがたい話はないのである。

●室温を上げ過ぎないほうが植物にとっては好都合なのであり、栽培者（植物のパートナー）にとっても「燃料代を意識しなくていい」ほど極端に軽減されるのはありがたいことなのではないか。

●プロは当然のこととして地温を見る。

深さ二五センチ、四〇センチの位置の地温を見るため、一〇アール当たり三個の地温計が設置してあるという（根の位置の温度を計る）。

●暖房はいよいよ地温が下がり過ぎたという時の緊急避難措置用で、保険的役割なのだといえる。

●地温が保たれるように、超好熱菌由来のバーク資材という優れものを土壌に入れてある。したがって、暖房設備を使うことはきわめて少ない、と言っている。

燃料費が高くて赤字続きだといいながら、暖房を稼働させて空気の温度を土壌より高くするということが「自然界の摂理に反する」ということ、反自然行為だということに気がついてほしい。赤字になってまで植物がやってほしいことの逆をやっていじめている、ということになる。

「多くの人は、土づくりこそが基本だということを軽く見過ぎている」と、神谷先生はおっしゃられる。

私も教わっているが、地温を上げてそれを保つ土づくりは、行ってみれば実に単純なことなのだといえる。多くの方に学んでほしいし、実践してほしいと願っているものである。

7　頭寒足熱は植物も人間も同じ

「人間も体温が一度下がったら体調がおかしくなる。根っこ（土壌）も一度下がれば同じ。植物も人間と同じだと考えている。頭寒足熱、足元（根っこ）を温かく、頭（地上部）を冷やす。これを守らなければ支障をきたす」とおっしゃられる。

野生動物はどうか。そういえば、動物は自分の脚を胴体の温度で温かくして寝ている。人間の今昔はどうか。こたつも湯たんぽも頭寒足熱の理に沿っている。その頃は熱中症（熱射病）などというものは無縁のものであるといえた。

いまは、空調で「冬に頭を熱くし、夏に足を冷やす」。熱中症（熱射病）でバタバタ倒れる。軽い運動で倒れたりする。しかもそれは夏場だけではないのである。

なんのことはない。「頭寒足熱」の理を崩して勝手におかしくなっているのは、人間とペットと、栽培ハウスの野菜たちだけなのだ。

すべて人間が崩しているではないか。謙虚に植物たちの声に耳を傾ければ、自分の健康を損ねることなく、栽培者の場合でいえば確実に裕福になる。野菜は健やかに育ち、食べた人に感動を与えることができるようになる。

土づくりは（神谷先生のご指導を得て）万全を期しているということだが、大雨などが地温に影響を与えることもあるだろう。地温が想定外に下降した時には、緊急避難的に暖房をつけるということになる。

方法を変えればたちまち利益が出る。おまけに肉体的にも経済的にも、いまより格段に楽になるのである。

農業が職業として有望であることを感じとっていただければ幸いである。

8　ビックリ！　三万本のキュウリが一本も枯れない

鈴木さんが栽培しているキュウリの種類には、一帯の四十軒ほどの栽培農家は誰も手を出さない。繊細で病気にかかりやすいため、あえてリスクを冒してまで栽培する人は、西尾市において彼のほかにはいないようである。

しかし、おいしい。食べてみると、キュウリそのものから芳香が漂い、やわらかくてほんとうにおいしい。

「私は量ではなく、質を求めていますから」とこともなげに言う。

「鈴木さんは、どれぐらいの数を栽培しているのですか」

「一〇アール当たり、いまは六千本です」

超プロの世界はスケールが違う。六千本といえば一般のプロの方の三倍から六倍くらいはあるのではないか。

一〇アール当たり六千本ということは、五〇アール以上あるのだから三万本のすべてが健やかに育って実をつけているということになる。絶句するしかない。

六千の命を預かる彼がこともなげに「少なめ」と言っている。同業の方はこの会話をどう受け止めるのだろうか。絶句してしまうのか、自分だってと思うのか。

しかし私は、彼の指導に当たっている神谷先生から、「鈴木さんは、今季は一〇アール当たり七千本にはなっているだろう」とうかがっていたので質問してみた。

「地面の上では枝も一本二本と数えていいぐらい面積を取りますけど、それを数に入れているわけではありませんから…」

「それに、私は量ではなく質を求めています」と言う。

鈴木さんは、栽培が難しい種を栽培している。一度に植えた六千本のうち、どれぐらいの苗が生き残るのだろうか。

「六千本全部元気です。枯れたキュウリは皆無です」

このこともあらかじめ神谷成章先生にうかがっていたのだが、やはりご本人からの直接の話はあまりにもすご過ぎて絶句するしかない。

超プロの実践の次元は高い。どこまで公開すればいいのか、という思いもある。しかし、神谷先生の意志は、世界の農業技術を革新することにあるので、いくつかは述べておきたい（学びの場を各地に用意する必要を感じている）。

●張りが大事。だから「土をていねいにつくる」。

●植物は無機化してからでないと栄養を取り込めない。そのことを意識して行う。

●地温変化の少ない土壌をつくる。そして、地温を計ることをクセづける。

●地温を上げて安定させるために超好熱菌由来のバーク資材を入れた。

●週一回の葉面散布を怠らない。噴霧する時間は決めてある。

●曇天が続くという読みをした時は、曇天で馬力を出す資材をつくってもらって噴霧する。

●多くの方が虫対策をしているが「虫が出ない」ので行う必要がない（虫は土壌の中から生まれると心得ているが、私の所は出ない）。

●葉っぱの大きさが手の平ぐらいの大きさになるようにしていく。

●うどんこ病は、葉に窒素が多いほど増える。正体はカビであり、カビの栄養が窒素である。

●病気は急激な温度変化の時に起こりやすいが、葉面散布でおさまる。

ハウスにて　鈴木さん

● 一度植えれば一年中（何年越しでも）収穫できるが、九月～七月を一サイクルとした（台風を意識してのことのようだが、冠水による地温変化を問題にしているのだろうか。わからない）。

● 供給する水の質を高める器具を用いている。

収量は一〇アール二五トン、今季は四〇トンぐらいらしい。

西尾市の鈴木さんのキュウリは、前述のとおり同市の同業者がどなたも扱っていない品種で、いまどきドレッシングなしでも食べられるものである。噛むと微かに香りが漂ってくる。子どもたちが喜んで丸ごと食べてしまうようなキュウリの栽培を心がけている。愛をもってなす、おもてなし農家である。

位相差顕微鏡（一億二千万円のもの）で観察しながらいろいろ工夫をし、三倍体の安定した水にすることができた（神谷）

9　水をイオン化してO_1の酸素を植物に吸収させる

植物は水をイオン化するとどんどん吸収する。

トマトやキュウリが越冬して一年中なり続けるのだが、成長を続けると茎の先端までは長いもので二四メートルぐらいにはなる、と神谷先生は言う。

土壌から二四メートル先の先端まで水を吸引させるのは大変なことだと思うのだが、どのような技術があるのだろうか。

「水は重い。したがって、軽量化して植物に吸引させる」と言う。どういうことなのであろうか。踏み込んでうかがったところ、霧状（イオン化）にすると取り込みやすいと教えてくれた。O_2を小さなO_1にすれば取り込みやすいのだという。

また、湿度があると酸素がO_2からO_1に換わって取り込まれやすくなる、とも言う。「雨が長期間降らない時のための対策は、種播き前や苗を植える前に既に終えてしまっている」と言う。これも超プロの「楽に、効果的に」のノウハウである。

10　作物は「水による造形物」。農業とは植物に吸引させる水の質を売る職業

神谷先生は、「農業とは、野菜・根菜・果樹という形で育った、良質の水を売る職業である」とおっしゃる。

神谷先生のご指導を得ている栽培者は、たとえばイオン化カルシウムなどを意識し、栽培段階で土壌中の微生物や、植物に吸引させる水の質の重要性を知ったうえで工夫している。

たとえば大気中に六角構造を持った水分子が存在すれば、同じようなウェーブを持つもの同士は共鳴しあい、スムーズに結びついていくといったようなことを理解している。

良質の水のバイブレーションは、植物をとおして人間の体内に取り込まれていく。良質な生命体は良質な水によって成り立つ、ということになるのだろう。

11　成功の秘訣は素直に学び、素直に実践

鈴木さんの栽培歴は十四年になるが、家としては四十年農業に携わっているとのことで

あった。ご指導に当たっている神谷先生に鈴木さんのことをうかがうと、「素直、迷わず言ったとおりに実践、信頼、相談を怠らない」といったような成功のキーワードが浮かび上がってくる。

先生は「運のいい人にはかなわない。運を引き寄せることが大事」ともおっしゃっている。運をよび込むには、ツキを得るにはどうすればいいのだろう。これには私から答えてみたい。「素直に学び・素直に実践・創意工夫をクセづける」。そのためには「師を選ぶ・ツイている人とつき合う」。

言い換えれば、「鈴木さんのような人と交わり、神谷先生のような人を師として学び、真似をし尽くすこと。食らいつくこと」である。

農業者には不安がつきまとう。それゆえにこれから行うことに確信が持てない。しかしながら、現状に納得しているわけではない。

師を選ぶ
運のいい人と縁を結ぶ
素直に学び、一歩踏み出す　（大下）

12　世界に広がる神谷成章先生の農業技術、知らぬは日本の農業現場ばかり

二〇一三年三月十八日のこと。カンボジアの稲作農業者が来日し、お礼と報告のために農業指導者である神谷成章先生宅を訪問した。

報告は、「お米が想定の範囲をはるかに超えて驚異的な収穫となりました」といった内容であったようだ。

取り入れた技術は、発明家であり、農業指導者でもある神谷成章先生が六十年以上の研究開発の末に到達した夢のような農法である。

度肝を抜かれたのはカンボジアだけではなかったようだ。既にカンボジアだけではなく、ベトナム、フィリピン等が神谷先生の農業技術を重要な国家事業として取り組んでいる。ラオスもそうだという。

オランダでも始まっているらしい。韓国は海の浄化事業が済州島から始まるとおっしゃられていた。

これらの国への技術協力は、神谷先生が国連からの要請を受けて行っているものである。当然、日本政府が間に入っているということになる。

各国からの資料を拝見させてもらったが、国をあげて大がかりに取り組んでいることがよくわかる。実際、国家間が取り持つ契約の場面にも遭遇している。

この農業技術には虫が寄りつかない。感電死してしまうのではないか、とも言う。「人間は電気に強いが、虫は電気に弱いから」と神谷先生はこともなげに言う。

実った時の米の粒を、大きい粒にそろうように苗の段階で教育してしまうと言う。とはいってもけっして大げさな作業を伴うものではない。

田植えの二、三日前に、超好熱菌由来のカーボン資材生成の途次で発生するアミノ酸液（アルファグリーン）希釈液を葉面冠水するだけである。田植えの七日後に行ってもいいというが、タイミングを逸すると労力が格段に増す。

この冠水によって「染色体に変化が生じ、米の粒がそろうようになる」と教わったが、天才のおっしゃられることに、私の低速回転脳はにわかには追いついていけないようである。

山の中のキャベツ畑にて

13　草が生えない畑にビックリ、これも自然の素材による成果　苦労はだめ！

神谷先生の畑を見学させていただくと、雑草とはまったく無縁であることに驚かされる。いかにも水はけがよく、かつ保湿性も高い。その秘訣は超好熱菌由来のカーボン資材にある。切り拓かれた畑は台形状に浮き上がらせて草と絶縁させ、カーボン資材（例・キラグリーンSなど）と太陽光の作用によって「草が生えない環境」をつくることに成功している。若い頃広大な山を購入し、山の中で十四年間のダンプカー生活を貫いてコツコツと今日を切り拓いてこられた。その間、数々の発明や国際特許を取得して社会貢献をなしてこられたのが神谷先生である。

酵素・微生物の研究家であり、日本で初めての酵素による洗剤を世に出された方である。それは、いまでも使われ続けている。農業の実践歴・研究歴も六十年を超える。数々の農産物栽培法の提供をなし続けている。

日本で初めてハマチの養殖にも成功している。日本で初めてのエビの養殖技術の提供等々、数々のビックリ技術を産み出してこられた。

ジャガイモ畑では、素手でジャガイモを掘らせていただいた。サクッと手が入っていく。マルチシートの下なので土が温かく、保湿も上々である。すくい上げると、土が砂のようにさらさらと指の間からこぼれ落ちていく。

草が生えてきたら場違いの場で生えるのをためらうような気がする。そのうえ、さらにマルチシートが敷かれているのである。私もさっそく真似をさせていただいた。もちろん大成功である。

さて、隣はスイカの試験栽培場であった。たくさんある畑や栽培施設は、どれもデータを蓄積するための試験栽培の場である。

スイカを例にとれば、超高齢時代・単身世帯が多数を占める時代に対応する小玉の種の試験栽培をしている。温度五〇～六〇度の灼熱環境の中での生育実験もなさっているが、スイカはなにごともないかのように育っている。

世界中から野菜や根菜や、果樹の情報を収集しては試験栽培に当たっているのである。

草取りほど非生産的で、時間も経費も取られ、苦労と苦痛を強いられるものはない。若者が日本の農業に魅力を感じない要因を徹底して取り除こうとして、ノウハウを積み上げている。しかも自然界の摂理を利用して、草が生えない圃場を実現させているのである。

もう一度振り返って見るのだが、山の中の所々に切り拓かれた畑には、草がまったく生えていない。

一〇ヘクタールはあろうかという山また山の真っただ中に、草とは無縁の畑があるというのは信じられない光景である。畑の四方は雑木林である。おそらく山を購入する以前から生い茂っている樹木だろう。そういう環境下にあって虫が寄ってこないのである。これも奇跡的なことである。


ノウハウを細大漏らさずいただいて帰ろうと思い、畑の形を観察し直す。すると、畑部分の四方に溝を掘り、畑を四〇センチほど浮き上がらせて水を逃がすようにしてある。溝によって草が侵入しにくい構造としている。

そのうえで溝の底と斜面に草除けのシートを敷き、あるいは溝の底にだけは緊急避難的に除草剤を撒いて草の種の侵入を防いでいる。その痕跡があった。

楽を追及する超プロの世界は、徹底した合理化としなやかさ、したたかさがある。徹底して「苦労」を遠ざけているのである。

山林の中の畑だというのに草が生えそうな気配がまったくしないのは、なにかキツネにつままれたような気がする。

事務所に向かう坂道の両側には「セイショウまり」という植物が整然と並んでいる。このツタ性植物は長期にわたって花を咲かせ続け、一定方向だけに増殖する性質を持っているため、自然に草の侵入を防いでいる。

草取りに苦労するような農業では長続きしない
草取りほど非生産的なものはない
草が生えず、虫の害がなければ、出費が大幅に減る
なによりも苦労が消える
太陽光と超好熱菌由来のカーボン資材に働いてもらった後は、
草の種を落とさないように、落とさないようにする
ところが、多くの人は草の種が落ちるように、落ちるようにしている
草取りで農業が嫌いになる
除草剤でいよいよ嫌になる
この苦労から解放されれば、農業観が変わる　（神谷）

神谷 成章 氏

愛知県西尾市在住

一九三一年、愛知県西尾市（旧吉良町）生まれ
二十七の国際特許の開発者、微生物分野の研究者、発明家
農業実践歴・指導歴は六十年を超える。
特許権実施料などで年商七十億円
国連からの要請で東南アジアの農業危機の救済に乗り出し、その農業技術が農業輸出世界第
二位のオランダ等、欧州にまで広がり出している。
世界的農業指導者

小学校六年時、日本初の洗剤を開発している。
ヒートテックの開発者でもある。

14　前代未聞！　わざわざ米の仕入れ値を上げてくれる病院

この米や野菜で患者の回復が早まる

碧南市の小澤医院、米の測定結果を証明書に

この医院には入院患者用に十七床が設けられている。口から入るもの、すなわち食事を非常に重要視している。また、呼吸を重要視しているように見受けられる。人間も自然の中で調和している自然物の一部である。小澤先生は食事の素材について徹底して自然物を厳選している。

訪問時、幸運にも自然栽培の野菜が届けられたばかりであった。偶然ではあったが、野菜の栽培者は私が最も信頼をおいている農業関係先の一つなのであった。日本にもこういうすごい先生がいらっしゃる。そういうお医者さんに直接お会いすることができたことは非常に幸運なことであった。

ここの医院は食事だけででも回復なさる方が多いのではないだろうか、とそう思った。入院なさった方は入院中に心身を「自然態」に調和させて日常の生活に戻っていくだろう。少なくとも肉体面は自然な生体へと回帰しているはずだ。

ロビーにはかなり大型の水槽が四つほど並んでおり、大きな魚が悠然と遊泳している。精神的に非常に癒される。受付の下には大量の竹炭の束が置いてあり、さまざまな仕掛けで院内の空気が整えられている。

体内を流れている生体バイブレーションの状態を測定する装置が何台も設置されている。ここで提供されているお米は、小澤先生がお米の生体バイブレーションを測定し、非常に生体エネルギーの高い米として証明書を発行なさっている。

このお米は一体どういうお米だということで、わざわざ仕入れ値を上げて定期購入をなさっているという。患者さんはこういうお医者さんと出会って幸運だろうな、とつくづく

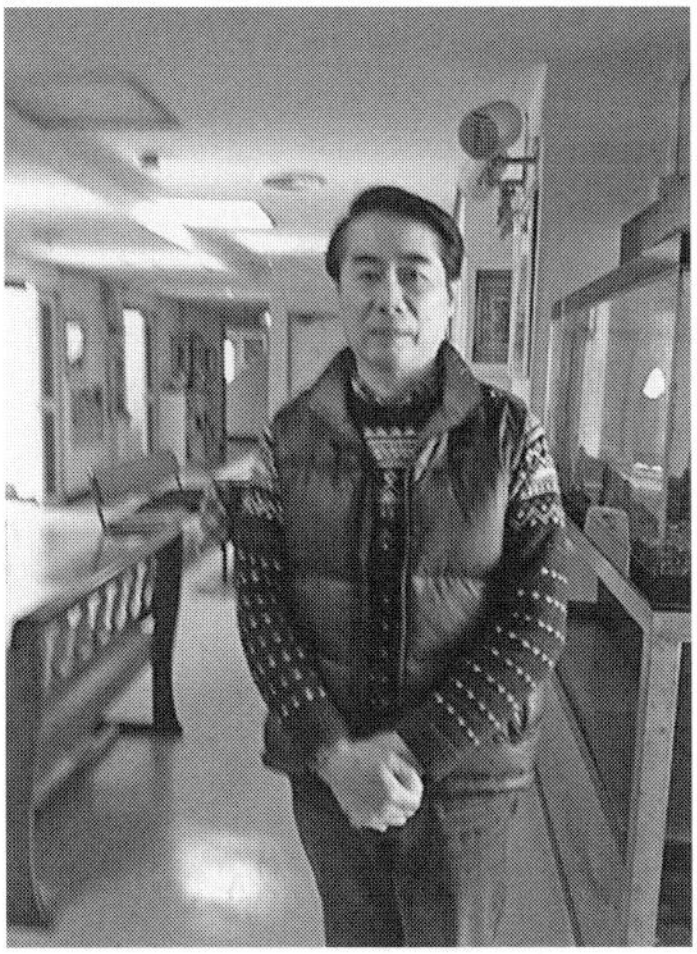

小澤医院　小澤先生

波動測定をする野菜

思う。

このお米の栽培者は、実は前に紹介した世界一のキュウリ栽培農家とも称される、愛知県安城市の浅岡さんである。田んぼには「超好熱菌由来のカーボン資材」が鋤き込まれ「自然態」が保たれている。

小澤先生は患者への効果が著しいお米を導入するだけではなく、有益無害な本物の米を栽培している農業者に注目し、育成をしている。そういう役割もなしているのだなあ、とそんなことに気づくとほのぼのとしてうれしくなる。

医療ビジネスは再来患者をつくり、それによってビジネスを安定させるものなのだろうとばかり思い込んでいて、「治癒したらもう病院へは二度と来ないようにしなさいよ」というお医者さんがいるとはいままで思いもしなかった。

退院していく方々には「普段から病気にならないようにいいものを食べるようにしなさい」というメッセージが込められているのだろうと思う。

小澤医院は碧南市の名鉄碧南駅から徒歩十分ぐらいのところにあるので、ご縁を感じる方は訪問なさったらどうだろう。

ちなみに私も「超好熱菌由来のカーボン資材」が鋤き込まれた四〇アールの田んぼで、同じようにコシヒカリを栽培している。

15 虫が寄ってこない。ベランダのトマトも…

この超好熱菌による炭化（カーボン）資材を土壌に鋤き込んで用いると虫が寄ってきにくいし、草もだんだん生えなくなってくる。

愛知県岡崎市在住、友人の山崎忍さんがベランダのプランターでトマトの試験栽培をしているので見学させてもらった。

彼は毎年、トマトを栽培しているのだが、二〇一三年は土に神谷先生開発のカーボン資材と、ご自身がつくり始めた超好熱菌由来のバーク資材を混入してみたところ、前年まで悩まされていた網戸をかいくぐってくる小さな虫がまったく現れなかったという。それどころか、プランター周辺にもまったく虫が寄ってこない。

私もベランダでトマトを栽培しているが、網戸をくぐり抜けてくる細かい虫には悩まされていたため、これはありがたいことだ。

さっそく私も三〇アールの畑にその炭化（カーボン化）資材を鋤き込んでみた。

この畑にはジャガイモとタマネギ、ブロッコリーが植えられているが、やはり同じように虫の害が極端に少ない。もう一つの畑には足を踏み入れた途端に蚊の羽音が聞こえてくるので、その違いがよくわかる。

生命力が強い農産物は虫たちの整理対象外なのだという説があるが、そのとおりなのだろうと思う。

なお、山崎さん宅の居間の前は下の階にとっての屋上にあたる。かなり広い。そこに置かれたプランターのトマトの茎が一本折れていたが、損傷を忘れたかのように蘇っていた。

以上、ホームセンターで購入したプランターでの実験結果である。

ベランダプランターのトマト

16　収量が増えて生命力の高い農産物が栽培できる

カンボジアからの来訪者から、「米が想定範囲をはるかに超え驚異的な収穫となった」との報告がなされたという話は、にわかには信じがたいことではあった。

三期作のお国柄ではあるにしても、そして、神谷先生の農業技術が大きな成果を上げることは私自身が体験ずみのことではあるにしても、すばらしいことである。国連からの要請があったということは、前年がかなりの窮状にあったのだろうことを暗示している。

確か、東南アジアにモンサントの種が普及し、収穫直前にウンカの大群で全滅したなどといったニュースが流れたことがあったが、そういうことが影響していたのだろうか。もちろんこれは私の憶測に過ぎない。

しかし、虫は不自然なものを始末するという神の使い的な面を持っていることは確かなようだ。国連はこれらの国の窮状を救うべく神谷先生に白羽の矢を立てたのだろう。

神谷先生の会社を訪問した時、毎回のように外国からの実習生の受け入れ中、あるいは、受け入れ予定である、ということが話題にのぼる。外国からの訪問者の頻度が増していることは確かなようだ。

稲穂は一本につき、おおむね百八十粒ほどのモミをつける。そのモミにも大きいもの小さいものというように、それぞれ個性がある。

それがアルファグリーンという希釈液に反応して大粒の個性にそろってしまうという。収量が増えて、食味が上がることは間違いない。四〇アールの田んぼで、ご指導いただいたとおりに実践して、私自身が前年の数倍の結果を出している。

それにしても田んぼの中に入ってホタルが飛び交う光景を眺めるのは誇らしい。その田んぼに三十六羽の白鷺の群れが降り立つさまに遭遇すると、自然界の一員として認めてもらったようでうれしい。

神谷先生の技術には急激な寒暖差を乗り越えられる頼もしさがある。虫に悩まされなくてよく、草が生えにくくなっていく。当然のことながら出費も格段に減るのである。さらに、生命エネルギー旺盛で、有益無害な農産物が提供できる。

二〇一二年までの私は、自然農を気取って稲作ごっこをしていただけだった。いまにして、知らないということは罪なことだなあと、田んぼには申し訳ないことをしたなあと思うのである。

なんだ、農業は「やり方を変える」だけで誰でも「黒字があたり前」の世界ではないか、というように考え方が変わってきたことは事実である。それに、農薬や除草剤等を使わないのだから体を壊すこともない。

草取りで苦労するような農業では長続きしない
草取りから解放されなければならない
楽にできるのに苦労したがっているように見える
薬剤で身体を壊すような農業はだめだ。命を縮める（神谷）

17 より楽に、よりたくさんの創意工夫を楽しむ

神谷先生は「より楽に」を追及なさっている。すると「あれもこれも、よりたくさんのことを楽しむ」ことができる。人生を謳歌することを意図しているように思う。

たとえば、神谷先生のジャガイモ栽培はきわめて楽な栽培法である。マルチシートを敷いて棍棒でストスト穴をあけ、ポンポン放り込んでいく。後は収穫日を待つのみである。収穫は素手掘りである。

草取りとは無縁。除草剤も農薬も無用。草が生えないのだから当然といえば当然なことだといえる。

ヤマイモなどの蔓（つる）植物であっても棚をつくる労力を省く。自然の地形を利用したり既にある構築物を利用する。トマトでもナスでも一度植えたら年中収穫するのみである。一事が万事、単純化・合理性の粋をきわめている。すなわち、苦役とは無縁になる。空いた時間は創造を楽しむ。生きがいが創造される。土壌が元気になる。生態系が正常化する。「どのようにしたいのか。果樹にしても野菜にしても設計次第だ」と、神谷先生はおっしゃられる。

稲作と畑作では、畑作は十倍難しい
自然の摂理を紐解けば
農業にかぎらずシンプル化（単純化）に行きつく
自然の摂理に則れば草が生えなくなってくる（神谷）

18　やるべき時にやる。タイミングを逸すると労力がズシリとくる

時機は待ってくれない。たとえばジャガイモは九月十五日に植えるのがベストだという。二〇一三年の渥美半島辺りのジャガイモは強風で茎が折れてしまって壊滅状態だったという。「なぜだと思う?」「私が指定する日に植えるとその強風の被害を免れるからだよ」

六十年の実践の中で、自然界と折り合う最適日を特定しているのである。ニンジンはお盆明けの、まだ暑い時期に植えるのが一番だという。糖度が高くて、においのしないニンジンが育つ。ニンジン独特のにおいがしないのは、ごく単純ではあるが育て方にコツがある。

暑い時期に植えるので日差しに灼かれてほとんどの種が死滅する。そこで多くの人は、二度三度と種を播き直す羽目になる。当然種代がかさむ。ところが神谷先生のやり方には失敗がない。作業もきわめてシンプルである。播き方は筋状ではなく「帯状」である。

私も最初の種播きは失敗した。しかし、神谷先生の方法をマスターしたので同じようにできるようになった。

時機は待ってくれない。予定日をしっかり組んで、人間の都合ではなく自然と植物の必要に合わせる。タイミングを逸すると労力がズシリとくる。苦労は罪、楽をして楽しむ。

しかし、ベストがだめならしたたかにベターに向かう。成功するまで試行錯誤を繰り返し、ルール化を図る。試行錯誤こそが創造行為である。

タイミングを逸すると労力がズシリとくる
ベストがだめならしたたかにベターに向かう　（大下）

19　何のためにつくるのか？
「儲ける」が動機ではなく、「愛」が動機

ジャガイモは年中、「新ジャガ」を提供できなければプロとはいえない、と神谷先生はおっしゃられる。しかも毎日食べられるように提供し続けられなければいけない、とも言う。子どもたちの健康と成長を促進する農作物を日々過不足なく提供し続けるために農業がある。特に脳の劣化を防ぎ、頭脳を明晰にして強靭にさせなければならない。

脳を明晰にするのは食べもの以外にはない。子どもの健康を意識して栽培をしていれば、親御さんもお年寄りも当然のごとく健康になる。

ジャガイモでもニンジンでも「昨日は提供できましたが、今日はありません」というのでは農業者の役割を果たしていることにはならない。農業は自然の摂理に従って営んでいれば赤字になることはない。野菜をつくるために農業をやっているのではない。

打算ではなく、使命感を大事にして栽培に当たらなければならない。「みなさんの健康と成長に寄与するために行うのが農業だ」と言う。

先生の指導先には赤字運営の所がない。自信がない人は、アドバイスどおりにやってみてほしい。三年ついてくればわかる、とおっしゃる。

さて、皮ごと食べられる「新ジャガ」ともなれば当然、無害が維持されていなければならない。紫外線にさらしてしまえば皮ごと食べることはできなくなる。

(半茹でにして天日で半干ししたものは別。これは太陽エネルギーを吸引しているので力がある)

どうも神谷先生は、私の所のジャガイモを心配している様子である。頼りなさそうな私が植えた二〇〇キロ以上のジャガイモがどうなっているのかが気になるのだろう。確かにある時期は強風の連続であった。

しかし、私の所のジャガイモの茎は二つの理由で折れようがない。ご指導に従って年中、掘りたて新ジャガを提供できるようにしている。

素手で掘らないとせっかくのジャガイモの薄い繊細な皮が傷つく。そこで、そぉっと取り上げるのだけれど、それでもともすれば皮が損傷してしまう。

取り上げるたびに子どもたちの笑顔を思い浮かべるようにすると、上手に手にのってくる。

ジャガイモのビタミンCは熱を通しても壊れない。同じ一個でもリンゴの倍の栄養がある。

ジャガイモは皮ごと食べるための根菜である。皮ごと食べなければ効用が半減する。だから皮ごと食べられる「いつでも新シャガの素手掘り」を選ぶようにしてほしい。

神谷先生は、「毎日食べてもらうようにしてほしい」とも言い、ご本人の食卓にも毎日のせているという。

農業とは愛をもってなすものだ。

多くの農業者だっていつでも不安と同居している
自信がないというのは自然な状態なのである
自信がないときはキョロキョロしない
師を選んで、素直に一直線に「真似をし尽くす」（大下）

20　これからは裕福な農業者が増えてくる

私の指導どおりやっている所には赤字の所はないわけだが、世間には赤字経営の農業者が多い。

私にはなんで赤字になるのかわからない。現在がうまくいっていないならば、うまくいっている実例を素直に真似て、言ったとおりにやってみればうまくいくわけなのだが。

まあ、三年つき合ってくれれば人生は変わるよね。

具体的なヒントはこの本の中にたくさん掲載されているので、黒字転換のきっかけにはなるのではないか。現在日本が抱えている農業問題というのは、新規の参入者にはチャンスでしかない。

栽培する種類としては、まだまだ不足しているものとして根菜類がある。たとえば焼酎需要でサツマイモはまだまだいい。

「山のイモ」系のものは、雑草より強いから栽培しやすいし、手がかからない。ジャガイモもサツマイモもマルチシートでやれば手がかからないし、質のいいものができる。農業は楽を追及すればうまくいくが、かといって、ほったらかしとはまったく異なる次元にある。

トマトは非常に有望だし、キュウリもいいが、根菜類から始めていって、それに家族で食べる葉野菜などを植えていく。やがて、自分でも腰を据えてやれているというのを確信した時のために、近い将来のハウス栽培を視野に入れておくのはいい。

ハウス栽培の施設も空いている所が増えてきているから、自分たちで組み立てられる規模のものを安く譲り受けるのもいい。

酸性雨はまだまだこれからのほうが深刻になるし、放射能騒動もむしろ本番はこれからだと見ておいたほうがいい。すると、ハウス栽培はこれらの対策としても貴重になっていく。

ハウス栽培は、「長期多収」を可能にするし、なにより酸性雨対策となる。二坪ぐらいの栽培ハウスなら六万円もあれば新規購入できる。二坪を三層の栽培ポットで立体栽培すれば十二畳大の菜園以上の環境ができる。なにせ、酸性雨とは無縁の環境下での自家菜食用の菜園ができる。

一隅に六〇センチ四方のジャガイモ栽培キットを置いたら、最大四五キロのジャガイモが収穫できる。すると、いつでも「新ジャガ」が食べられる（実例がある）。

長期的な視野に立てば、気象の大変化と水不足の問題は誰も否定できない。世界の人口も増え続けるわけだから、短期的にも長期的にも食糧危機の問題がある。

農業と食は、生きていくうえでの根本のところにある。皮肉ないい方になるが、そういう意味からも農業は有望だということになる。

マネーは紙切れになるが、作物は「現物」だからこれほど大事なものはない。いまやマネーはコンピューター上とカード上の数字で、いつでもなかったことにされてしまう危うい位置にある。目先の利く人なら、農作物の栽培現場を身近にしておきたいという考えに至るのはすごく自然なことだといえる。

農業は、少なくとも大企業のサラリーマン並みの年収にはなっていくのではないか。素直について来られるかどうかだが、むしろ作業はスマートになっていく。しかも、サラリーマンとは違う。オーナー経営者になるのである。休みも同じぐらいは取れる。ハウス栽培なら長靴を履かなくたっていい。散水もタイマーでできる。

草取りに悩まされない農業は、どんどん快適になって楽しみが増えていく。すると、ウツ気味だった人でも病気知らずの自然体になっていく（ウツは太陽に当たらなさ過ぎ）。なにより食生活が自然になる。これが一番ではないか。また、人間関係に苦しんでいる自分の人生が劇的に好転する可能性がある。

まずは、最初から背伸びをせず、縁を大事にして地道に馴染んでいくようにする。

次世代を担う　神谷成章さんの孫
神谷健次さん

21　百人の農業者がいて、一人が長者。残りは？　やり方を変えれば百人全員が裕福に

百人の農業者がいて、一人は長者農家になり、四十九人は採算ぎりぎりなため副業で維持していて、五十人の農家は赤字続きで別の本業を持ち、あるいは廃業していく。なにが違うというのだろう。

やり方を変えれば確実に裕福な農業者になる。しかし、やり方を変えることができなければ、いずれ新規参入者に取って代わられる時代がくる。それが始まったといえるのではないか。

草取りにあくせくするようなことでは長続きしない。ましてや、草取りに人件費をかけているなどというのは論外である。ハウス栽培で暖房費に経費をかけ続けているようなことでは、そんなことでは生活が成り立たない、と神谷先生は言う。

身体にいいもの、良心が喜ぶものを提供して喜ばれる。差し上げ上手で自他同然に生きる喜びを共有しあえる生き方がある。

人は日々を悲観に生きるために生まれてきたわけではない。なにかに、誰かに貢献し、創

造を楽しむために今生がある。誰でも確実に死んでいく。生き方はいつでも変えることができる。

やり方を変える
あれこれ手を出す人は失敗する
師を選ぶ
素直に一直線に真似をする
大丈夫！　事実を伝えてアドバイスを得る　（大下）

22　除草剤散布がいらないわけ　超好熱菌の恩恵にあずかる

超好熱菌由来の炭化（カーボン化）資材の力と太陽光の力とで、草の種（胚芽）が壊れていく。

農業で一番の問題、雑草との格闘から解放されるやり方がある。難しい話ではない。一度鋤き込んで土起こしを繰り返すだけである。

以下、神谷先生のお話（流水亭での神谷成章先生に学ぶ会にて）。

農業で一番厄介なのは雑草取りですね。冬季に入ると、草も木も枯れて種が落ちる時期になります。

種には「胚芽」がありますね。どんな雑草の種にも胚芽があります。

人間には脳があって、みなさん脳で考えるわけですが、植物も同じように考える部分があるのです。そこを胚芽といいます。生長点でもあります。人間でいうところの脳に相当しますが、タンパク質でできています。

ここに炭化（カーボン化）資材、同二号（これは商品名・液体で非常に安価）を七〇〇～一〇〇〇倍に水で希釈して、散布用具やじょうろで撒いてやります。その後、トラクターや耕運機で土起こしをするのです。すると、胚芽（タンパク質）にこれらのカーボン資材がくっついて、胚芽を分解してしまいます。

もっと具体的に言いましょう。

トラクターで荒起こしをするのはだいたい深さ二〇センチです。広ければ手で起こすのは大変ですから、トラクター、耕運機で混ぜていく。家庭菜園なら手作業でできます。

その時、草の種（胚芽部分）が全部これに触ればいいが、一回土を起こしただけだと、胚芽の全部にはくっつきません。だから最低でも四回は土を起こします。

トラクターをかければ、またすぐに生えてき出します。

そこで、草丈が四～五センチになったらまた土を起こす。これを繰り返します。四回は行うようにします。次の種播きまでにやっておくのです。すると草の種がだんだん減っていくわけです。できれば五～六回やったらいい。ほとんど胚芽が分解されていきます。

まあ、一年ではまだまだですが、三～四年続ければ草はほとんど気にならなくなります（種がこぼれなくなる）。

種を播いてしまってから草を取るより、始めにこの手順を踏んでおいたほうがいいですよね。

私に三年くらいついてくればわかります。やる人とやらない人ではまったく違ってきます。人生がまったく変わってしまうということは事実です。

●炭化（カーボン化）資材と希釈した液体カーボン資材とを一緒に撒くようにします。

●一㎡一〇〇グラムを目安に一〇アール当たりの量を計算します。

教わったとおりにしてきた畑に立って
気をつけて数歩進んでみると
芽を出したばかりの小さな草が目に入る
それを拾うことを拾い草という　（大下）

南木曽流水亭

23　農薬散布がいらないわけ（「減らす」からスタート）

前述の「草が生えてこないようにする手順」で、虫も近づかなくなる土壌になる。同時に除草剤も農薬も必要としない土壌になっていく。特別なことはいらない。草対策と虫対策を別々に行うわけではないというのがポイントである。

しかも実にシンプルな工程である。危険な思いをして、農薬を四十回も七十回も撒くことを考えれば実にありがたいことである。

草がないと、虫の隠れ家がなくなる。土壌面の日当たりがよくて、風もよく通るため、虫が土壌に卵を産みつけにくくなる。

土壌に超好熱菌由来のカーボン化資材が入っているので、電子がたくさん発生する。植物（農作物）がその電子をたくさん取り込むので、虫が下手に近づいたら感電しかねない。このことも虫が近寄ってこない理由となる。

虫は電気に弱い。虫が近づきにくいので虫を毒殺する必要がない。したがって農薬を撒く必要がない。農薬代が農場運営上、赤字構造の原因の一つになっているのだから、出費が減る分、赤字要因が消える。また、劇薬で体を壊すリスクがなくなる。ハウス栽培には特に朗報ではないか。

カーボン化素材に太陽光が作用して土壌から電子がたくさん発生する植物が電子をたくさん取り込む虫は電気に弱い　（神谷）

24　土壌への消毒剤注入がいらないわけ（一反十四万円が浮く）

ピクリン等の消毒剤が不要になるのは、超好熱菌由来のカーボン化（炭化）資材が万能だということを物語っている。除草剤・農薬が不要になるのと同じ理由である。ピクリンは一〇アール当たり十四万円（二〇一三年時）前後するという。そのピクリンが不要となるのだから、ここでも農場経営の赤字要因が消えていくことになる。

植物に不利益を与える菌類は、土壌の健全な発酵を阻害するものを餌としている。有機農法で有機物をそのまま土壌に混入するのは、微生物の餌にして微生物を繁殖させるためである。

植物に不利益を与える微生物が繁殖すれば腐敗場となる。発酵場にする意図で行ったはずが、真逆の雑菌だらけの腐敗場にしてしまうことにもなりかねない。

雑菌だらけのものでも「有機栽培」として流通なされているケースがあるのだろうが、仮にそうであっても確かに有機物による栽培には違いないのである。

植物は有機物を取り込むことができない。さらに、微生物が分解した段階でもまだ取り込むことができない。が、この第一段階を経て後、さらに第二陣のバクテリアたちの活動で無機化されれば、やっと植物のごちそうになり吸引されていく。

さて、化成肥料なら植物が吸引できるかというとそうではない。毛管（毛根）より大き過ぎて吸引できない。

窒素だけは水と一緒に主根から吸引されていくので窒素過多（病気の原因）になりやすい。カビの餌が窒素だという。硝酸態窒素（硝酸塩）は人間には有害物である。

化成肥料も実は微生物たちの餌である。化成肥料を微生物のために投入し、残留肥料という餌で微生物が繁殖する。

その微生物が植物には不利益となるため、有用菌も含めて皆殺しにする。その役割が消毒剤（ピクリン等）なのである。

25　化成肥料が不要なわけ

植物の栄養としてのリンは甘み、旨（うま）みの成分で重要なのだが、そのままでは植物の毛管（毛根）には大き過ぎて吸引されない。吸引できる毛管も存在するので植物は育っているのだが、吸引できない毛管も多い。しかし、その肥料は菌類には確実にごちそうとなる。菌類の餌となるのである。

それでも未消化の肥料は残る。それは毎年土壌に蓄積されていき、土壌は年々アルカリ度を高めていく。

蓄積される肥料は、「植物にとって不利益となる菌類」にとってはあり余る餌なのだから、いつでも餌に群がっているということになる。

植物の根を消耗させるありがたくない菌がある。

化成肥料は植物の餌である前に、まず菌類の餌となるということを私たちは案外と知らない。この菌類が群がって増殖するのである。しかも、化成肥料は土壌をアンバランスにしていく。

リンが過多の土壌もあれば、窒素やカリ、カルシウムが多過ぎる畑もある。土壌の菌層がバランスを崩して植物に有用な放線菌群が極端に少ない状態になっていく。

消毒剤のお世話になる理由は、化成肥料を入れているからである。それならば「化成肥料を止めたら消毒剤を使う原因がなくなる」という言い方ができる。

植物の葉が窒素過多で病気になっていくのも、硝酸態窒素の毒性の問題も「化成肥料を止めたら、その原因が消える」ということがいえる。

26　土づくりこそが命綱　農薬ではなく免疫力で栽培、有機ではなく無機化

土づくりにおいて、以下の条件をすべて満たしてくれるのが、超好熱菌由来の「科学的な有機物無機化」のテクノロジー資材である（しかも、カーボンは自然物である）。農薬ではなく、免疫力を高めての栽培が進められていくことになる。

次項で「超好熱菌で炭化させたバーク資材」について述べるが、ここでは「穀類という有機物を、超好熱菌で無機化（カーボン化）させた土壌資材」について述べる。

資材の混入は一回でいい。当初の土起こしは五回程度行う（なお、※印は別作業）。

人間が行うことは、土づくりである。以下に示すような土づくりができていれば、植物は自力で育ち実っていく。このような土づくりをしていれば、シンプルで楽な農業が実現する。労力と経費が大幅に改善して、提供した作物が喜ばれて必ず反響が返ってくる。赤字になることはあり得ないということが確信できるのではないか。

急激な寒暖差にも、日照りにも曇天続きにも強い体質になる。

土壌づくりの目安。そしてそれを実現させてくれる混入資材の能力

● 植物に必要な栄養が過不足なく満たされていること。
● 地温が年間を通して大きく変わらない土壌になっていること。
(急激な寒暖差でも比較的安定した地温を保たせる)
● 有機物があらかじめ無機化され、植物が直接取り込めるようになっていること。
● 虫が寄らない土壌であること。
● 消毒剤・農薬・化成肥料を必要としないこと。
● 草がほとんど生えない土壌にしてあること。またはその途上にあること。
● 除草剤が不要であること。またはその途上にあること。
● 光と反応して電子が土壌中から空中へと大量放出されている状態ができていること。

●保湿性が高く、水はけがよい土壌になっていること。
●団粒構造で、酸素が豊富なふかふかの土壌になっていること。
●土壌の中の作床（耕盤・堅い層）が柔らかくなっていること。
●土壌のアンバランスを整えて、調和環境を実現させる資材であること。
●ケイ素循環・炭素循環がなされていく資材であること。
●根っこの肥料焼けなどの弊害がないこと。

※　水は「土壌の上部と深部」が切れずにつながっていること。
※　できれば水の質を高める工夫を凝らしていること。

前項でも述べたとおり、植物は有機物を直接取り込むことができない。必ず無機化されてから吸引される。有機肥料は菌類の餌であり、無機化がなされていくのはその二段階後となる。化成肥料や液肥もバクテリアの餌になった後、一段階目で植物が吸引できるようになる。無機は、バクテリアを介さず植物が直接栄養を吸引できる。それが、ここで述べている超好熱菌由来の「科学的な有機物無機化」のテクノロジー資材である。それに、自然素材であって、化学素材ではない。

本書でたびたび登場する超好熱菌は、地球上のすべての生命体の始まりの生命体であるとされる「始原菌」である。

二〇一三年の中頃、日本の研究チームによって、生命の始原としての特徴が確認され、地球上に登場した始めの生命体であるとの発表がなされている。すなわちバクテリアの祖先にもあたる。

八〇度以上で活動する菌が超好熱菌だというが、神谷先生の活用なさっている好熱菌は二〇〇〜三〇〇度でも活動できるという。

この菌が米・大豆など数種の穀類を超高温域に誘い込み、カーボン化していく。ここで大量の水素が発生し続ける。穀類由来の資材ゆえ、ケイ素循環・炭素循環をたどる。

草の種（胚芽）が壊れていく。虫が近づかなくなる。土壌からたくさんの電子が発生している。故楢崎皐月(ならざきこうげつ)氏はこういう場を「いやしろち」と表現なさっていた。生きものが元気になる。この資材を入れると土壌が柔らかくなっていく。除草剤・農薬も不要になり、化成肥料・消毒剤も不要になる。

土壌中で乳酸菌発酵による無機化を促す農法も優れモノには違いないが、植物が直接取り込めるのは「無機」なので、始めから「無機化」された自然物土壌にするといった点であるとか、草取りで苦労しない畑にしていくなどといった点に明確な違いがある。

私（大下）は、二〇一三年に三〇アールの田んぼを畑に転換したのだが、土を起こすと乾燥した粘土質の土が岩のようにごつごつしていたし、雨の時は水はけが悪くなって難儀していた。ところが、この資材を鋤き込んだら、数日（三日）で微生物の白い膜が張ってきて短期で土が柔らかくなった。

まだ常駐しているわけではないので草が生えないというところまではいかないが、草取りをしなくてもよい状態にまではなった（一度もしなかったが草たちが秩序をつくってくれた。要するに草取りの必要はなかった）。

なお、この炭化（カーボン化）物は無機なので栄養価はないが、この資材に含まれている菌として以下の六つがあげられる。

（株式会社日本エコテック資料より転載）

● 窒素固定菌：空中から窒素を取り込み、固定された窒素は「植物と光合成微生物」へ供給されていく。（光合成微生物からグルコースをもらって空中の窒素を固定する）

● 放線菌：放線菌は有害な糸状菌（カビ）や病原細菌を駆逐する。

●乳酸菌：有害なカビの活性を抑え、有機物の分解をスロー調整することで有機物の害を除去している。有機物の分解を容易にし酵母菌の機能を高め活性化を促す。
●酵母菌：植物から生理活性物質をもらい、他の有効微生物群の機能アップに役立っている。
●好熱菌：カビ・ネコブ、センチュウなどの病害虫を抑制する。
●光合成微生物：植物の根からの分泌物によって土壌中の有機物が分解され、それを光合成微生物がイオン化することで植物への吸収を高める。

27 地温を保ち、保湿に優れ、水はけがよい土壌にするカーボン資材

超好熱菌で炭化させた木質系（バークという）資材のはたらき

前項と内容が重なる部分があるが、ここでは「超好熱菌で炭化（カーボン化）させた微生物の寝床」としての土壌資材について述べる。

廃材となるはずの針葉樹の皮や枝葉を農業資材として活用したのが木質系（バーク）資材なのだが、一般的なバーク資材と違うのは超好熱菌で炭化させている点にある。

同じく超好熱菌によってつくられるもう一つの木片チップ資材が「木造家屋解体後の古材」を炭化（カーボン化）させた、「微生物の寝床」としての土壌資材である。

私は縁あっていまのところ後者のほうを用いているが、どちらも自然物が自然物（カーボン化資材）をもって炭素循環のサイクルをなしていく。

これらの資材を製造するための素材の堆積場に、超好熱菌を入れて地温計で温度を計ったら一〇〇度を振り切ってしまったと、製造にあたる会社の一つ、「㈱吉良しのぶ」の山崎忍さんがおっしゃっていた（計測器が一〇〇度までしか計測できなかった）。

超好熱菌は半年後も八〇度以上の高温を保ち続け、一年後でも六〇度以上を保っている。農業資材をつくるために、木くずや枝葉を一度セットしてしまえば勝手に発熱し続けているのだから痛快である（ある人は同様の実験で八〇〇度を記録したという。そういう話もある）。

このことは意図するところとは別に、無償でエネルギーが提供され続けるということを意味している。しかも屋外にむき出しの状態で、この温度を生産し続けているのである。この特徴をあなたはどの分野でどのように利用しようとなさるだろうか。

農業にも、農業以外にも使えるのである。

でき上がったこの資材を畑に入れると、畑は概ねすぐに以下のような特徴を持つ土壌に変わる。前項と重なる部分が多いが、前項の資材は植物の栄養で、こちらのバーク資材は、その寝床ととらえたらわかりやすいと思う。

この土壌資材の特性は、寒暖差の中で地温変化を和らげる。すなわち温度を比較的平準化する働きをもつ。長期に水分を蓄え続ける。これは日照りに強いということを意味する。排水性に優れている。すなわち、水はけのよい畑にしてくれる。酸素を豊富に蓄えてくれる。

炭化（カーボン化）しているので植物にとって有用なバクテリアの極上の寝床となる。

無機なので有害な雑菌類バクテリアの餌場にはならない。菌類の餌場にはならない。

軽い。軽いのに保湿性がよいため風に飛ばされにくい。したがって畑だけではなく、屋上菜園やベランダ菜園にもうってつけである。

この資材を私は一般的なバーク資材と混同されないようにするため「超好熱菌由来のバーク資材」とよんでいる。

山崎忍さん

28　免疫力を高めて栽培する

葉っぱが乾いていたら免疫が起きない。それで、免疫を高めるために葉面散布をする。葉っぱに水分があればいい仕事をしてくれる。

始めの段階で、植物が悪い環境に遭遇しても耐えられるように、あらかじめ遺伝子のスイッチをオンにしておく。しなやかにしたたかに生き抜いていけるように始めの苗の段階でつくっておいてやる。

「三つ子の魂百までも」のことわざのとおり、小さい時に与えられた環境によって将来の性格性能が決まってくる。それは苗の段階で、あるいは植えてから七日以内に行う。しかし、苗の段階で行わなければ労力は格段に増す。

水での希釈は約千倍、したがって一〇アール当たりにしても費用は微々たるものである。神谷先生の場合、ご本人の研究のうえで最高の次元のものを用いるが、それでもそれにかかる費用は安価ですむ。

収穫量が増えるわけ

定植前に、あるカーボン化希釈液（自然素材）に

冠水すると収穫量が増える

高収穫・高品質の作物に換わる

大きくて強い種にそろってしまう

ばらばらな個性が優秀な個体に統一される

二倍体が三倍体に換わる　（神谷）

29　満月の日の露はO_1（オーワン）の酸素の水、O_2からO_1へ

植物は夜に成長する。だから夜間の環境が大事である。

O_2（オーツー）がO_1（オーワン）になれば植物が吸引できる。満月（十五夜）の夜には、夜露がびっしり降る。車のボディが雨でも降ったかのように濡れていることがあるが、あの水がO_1（オーワン）の水である。

満月（十五夜）の日には、すべてのものの成長がいいが、その理由は夜露にある。夜露のおかげである。だから、プロの農業者は満月の日に種を播いたり、植え替えたりする。当然、いい結果を出す。しかも、タダで恩恵にあずかれるのである。

満月の日の露は、実はO_1（オーワン）をつくる水である。O_2からO_1へと換わる。そこで、この満月の夜の露と同じ状態のものを葉面散布できるようにしている。O_2（オーツー）を、O_1（オーワン）に換えて農作物に吸引させるようにする。

同じやるならどうすれば利益が出るか、一円のカネを何倍にするかということを学び、工夫をしたらいい。そういうことを、篤農家の方には教えている。みんなが知恵を出し始めれば日本は変わる。（神谷）

もう一つ、鉄の働きについて述べる。

酸素はイオン化しないと細胞が取り込めない。その、イオン化をさせる役割が鉄である。

また、野菜のゴボウには鉄分が多い。それゆえゴボウの栽培と、ゴボウ茶の常飲を推奨している。

30　プラスの静電気を中和すればいくらでもいいものができる

風が吹くと、静電気が起こる。風速三メートルくらいの時、植物は活発に成長する。ところが、風がそれより強いと、植物の成長によくないプラスの静電気が起こる。
しかし、これを中和することを知っていれば、いいものがいくらでも取れるようになってしまう。
私（神谷）は電子工学についても研究を積んできたが、農業をする人はこういうことも知っておいたほうがよい。（神谷先生談）
二十七の国際特許を得てきた発明家・神谷成章氏には農業以外にもさまざまな依頼がなされてきた。

●ウナギの養殖において「三年での出荷短縮」の依頼を受け、「六か月で出荷」できるようにした。

●鶏は、ひよこから「八十五日での出荷短縮」の依頼を受け、「四十日で出荷」できるようにした。

●真珠の養殖では、貝にメスを入れて種を入れるため「アコヤ貝の一割」が死んでいた。依頼を受け、これを解消させた。

●四国では、売りものになりにくい黒いレンコンを白いレンコンに変えた。

●日本一の種苗会社への技術供与を行ってきた。

●ハマチの養殖を日本で初めて行った（パイオニアである）。

31　草の種は壊れるが、野菜の種は無事。どうして？

草の種（胚芽）が壊れるというなら、野菜の種だって無事ではすまないはずなのに、どうして野菜の種（胚芽）だけが無事なのか、という質問がよく出てくる。

草の胚芽は、土壌に鋤き込まれた「炭化（カーボン化）資材」と太陽光に触れると、壊れて発芽しない。そのことに対する質問である。

この点については、ニンジンの種を例にとれば理解しやすい。

ニンジンの種は、光に感応して芽を出すため、土の被膜はごく薄くしなければならない。しかし、強い日差しに胚芽が破壊されれば、二度と芽が出ることはない。かといって、種にかぶせる土が厚過ぎては光に感応できず、芽が出ない。したがって、この暑い時期に播いた種は、しばしば全滅する。

胚芽が破壊されたら芽が出ないのは草の種でも野菜の種でも同じなのである。土起こしによって露出された草の種が炭化（カーボン化）資材と太陽光に触れれば、その種は二度と発芽することはない。

ところで、ニンジンは八月（旧盆過ぎ）に種を播いて育てたものが最も栄養価が高くおいしい。それでニンジンの種はこの時機に播く。（神谷先生談）

種が全滅した場合でも諦めず、二度三度と播き直して芽が出るのを待つことになるが、種代は一〇アール当たり四万円ぐらいかかる、と神谷先生は言う。

ニンジンの小さな種は乾燥しやすい。乾燥すれば強い日差しで胚芽が破壊されてしまう。

土を起こして地表に露出された草の種も、乾燥した状態で太陽光（紫外線）にさらされれば胚芽が破壊され、ニンジンと同じようになる、と言っているのである。

ハウスにて　一年中なり続けるトマトと

播かれたニンジンの種の被膜はきわめて薄い。乾燥すれば、薄い被膜は風に飛ばされ、あるいは種ごと飛ばされてしまう。

乾燥しきった種が日光にさらされれば胚芽はひとたまりもない。したがって適度な湿り気は欠かせない。草の種は、土起こしによって地表にさらされ、カーボンと日光の作用で胚芽が破壊されていく。

一方、野菜などの種は地表にさらされるわけではない。破壊されていく草の種と違い、野菜などの種は、土壌中の快適なベッドの中に納まって大事に育てられていくのである。以上が疑問への答えとなる。

さて、土壌中にはたくさんの数の草の種が発芽の機会をうかがっている。が、土起こしをする都度、その数が減らされていくのである。

草が生えてきても、種をつける前に上手に鋤き込んでしまえば、その分だけ土壌中の草の種が減っていく。

発芽して数センチの草を鋤き込むということは、土壌中の種の残留量を減らすことを意味する。また、地表にさらされた種の胚芽が壊れることで、さらに種の残留量が減っていく。それを四回、五回と繰り返すのだ。

これを、野菜の種を播いてから行ったのではかなわない。種を播く前に土壌環境を整えるのである。「除草剤という劇薬が無用」なわけは以上のとおりである。

神谷先生の圃場には草が生えてくる気配がない。

私は、実施して一年弱だが、初年度から目に見えて変化が現われてきている。

一年目に行った播種前の手順を三年も繰り返せば、神谷先生の圃場のような草が生えてきそうにない畑が実現する。それ以降は、申し訳なさそうに生えてくる草の「拾い草」をするだけでいいのである。

なお、神谷先生に収穫後の圃場を見学させていただいたのだが、収穫後は間をおかずに、次の播種前の第一回目の土壌整備が終えられていた（重要）。

神谷先生からはジャガイモ、サツマイモを「マルチシート」をかぶせた畝で栽培する方法と、そのメリットをも教わった。

そのメリットはいろいろあるが、「草への対応から解放される」という面から見ても非常に重宝である。

ところで、私が栽培しているニンジンは「ジュース最適ニンジン」である。

ニンジン独特のにおいがしない。これも神谷先生に教わったのだが、神谷先生のニンジンは、フルーティでニンジン独特のにおいがしない。

この、においがする、しないは、驚いたことにニンジンの種類によるのではなく、栽培法の違いにあるということを知らされた。ニンジンの防御システムを解いてあげる。すると、ニンジンは独特のにおいを出して防御する必要がないため、においが消えて、実に甘い味になってくれる。

ニンジン嫌いの人や子どもに人気があるわけである。小さな児の舌は実に素直に峻別する。神谷先生からは、ニンジンの種を確実に発芽させ育てるノウハウも教わり、実践ずみなのであるが、以前の私なら来年回しとしていただろう。プロ中のプロの方からの教えなので、食らいついて実践してみた。

すると、単純だが確実なやり方で、不在しがちな私でも発芽の心配をする必要がない。これは実にありがたい栽培法である。本物は実にシンプルである。

そして、その方法は野菜の苗づくりにも応用できる。これも大きな収穫であった。僕は私の事業への応用の仕方次第なのである。

「先生、なぜニンジンを筋状に播くのではなく、帯状に播くのですか？」という質問を投げかけてみた。

すると、先生の答えは実にシンプルである。

「それは合理的（簡単）に収穫するためです」

農業は、楽であることがなによりである。そのうえ、失敗がほとんどない。なおかつ、収穫物の質の高さと収量の拡大によってプライドが醸成される。


先生に教わった栽培法は、まず栽培者自身を健康にするのだが、やむを得ず使う劇薬で体を壊すということにはまったく無縁なのである。

シロウトとしての田畑とのかかわりは、私は短いほうではない。が、しかしプロの世界に踏み込もうとする時、驚きばかりが連鎖する。

神谷先生は非常に多忙な方である。海外からの訪問者だけではなく、学者等研究者の方々との会合も多く、百人以上の方とおつき合いなさっているという。

先生自身研究者ではあるが、農業の実践者として、人との都合よりも試験農場の植物たちの事情を優先し続けている（この点が真似できない）。

歩くスピードに私は追いついていけない。「先生って、八十二歳？」と、後ろ姿を追いながら希望の光を見出すのであった。

インターネットで偶然ヒットした内容に、「土起こしを七回行えば、草の問題は相当軽減される」ということがあった。生協連合会という大きな組織の役員の方のお話であった。

すると、「有機物を超好熱菌で無機化（カーボン化）したものの力」で、もっと強力に除草していくやり方が神谷成章先生のご指導によるものなのだ、ということがよく理解できるのである。

32　根っこの張りが大事

神谷成章先生に学び、「栽培ハウスと発酵場を隣り合わせ」につくってパイプでつなぎ、野菜の栽培試験を行っている人がいるという（友人N氏談）。

写真で見るトマトの根は丸いアンパン状の塊になっている。パイプからは室内大気へと発酵途次の蒸気が流入し、野菜の葉面へ霧状に降り注ぎ続ける。植物はそのイオン状の養分や水分を葉面から吸引するという仕組みになっている。

パイプは地中へも同様に延ばされていることから、根っこを土中へしっかりと張る必要がないという事情をも物語っている。

覆いのない畑（露地）での栽培では風や大雨に弱いが、栽培ハウス内で行う分にはこれはこれでおもしろい。発酵促進は木酢液（竹酢液）内の菌によっていると思われ、発酵温度から推定すると好熱菌が活躍しているということになろう。

農産物を供給するプロの農業者にとってはお遊びに見えるかもしれないが、葉面散布の手間が省ける。特に寒地で行うのにはおもしろいと思う。三〇センチ掘り下げ、底から針葉樹の皮や枝葉を六〇センチ積み上げてハウスへパイプをつなぎ、木酢液を撒く。

既に紹介ずみの「キュウリ栽培の超プロ・鈴木さん」は、「根っこの張り」が大事とおっしゃっていた。台風シーズンを意識している、とも。

露地栽培ではどうかという視点に立ってみれば、「根っこをしっかり張らせる、土壌の温度を意識する、寒暖でも大きな変化のない土壌をつくること」は、基本的な要点であろう。

四国愛南町のハウス前にて

33　食の行く末、農業の展望を逆境と見るか、チャンスと見るか

車の所有が「一人一台平均」になるのに、日本は三十年かかった。中国は十年ぐらいで到達するのではないか。

それに反比例するように中国の農業人口は急激に減っていくだろう。その時、十四億人の胃袋を誰が満たせるというのだろうか。

中国だけではない。インドや東南アジア諸国にも車は急速に普及し出している。インドの人口は十二億五千万人、インドネシアだけでも二億五千万人である（二〇一三年時）。

これらの国が工業化社会、そして車社会へと変貌していく時、日本がそうであったように、農業人口は確実に減っていく。

- 農業者の人口は確実に減っていく。それとは逆に世界の人口は増え続ける。
- 中国はまだまだ石炭を燃やし続ける。
- 工業化、そして車社会化は、「空」や「川」を確実に汚す。上空が深刻なスモッグに覆われて日照量をどんどん減らす。事実、いまの中国がそうだ。

●日射量は確実に減っていく。
●すると昼と夜の温度差があまりなくなっていく。
●結果、水蒸気が上がりにくくなる。
●雨が降る領域が減ってくる。
●農作物が取れなくなることを示唆している。

そのような状況になった時、誰が人々の胃袋を満たせるというのだろう。

これは近い将来、確実に深刻な問題となっていく。

その中国が、やがて「一人一台の車社会」になった時、上空は四六時中太陽光を遮るようになる。太陽エネルギーが得られなければ農業は成り立たない。

アメリカは、シェールガス採掘に膨大な水を消費していく。そうでなくても地下水位の低下が顕在化しているアメリカでの話である。採掘の際に投入される薬品によって、汚染がさらに深刻になっていくだろう。

アメリカと中国にかぎっても、既に「水」の確保で苦しんでいる。

日射量不足と水の不足は、農業には致命傷となる。なによりも農業人口が確実に減っていくのが目に見えている。

自衛的にみんなが作物をつくろうとし出した時、肥料の値上がり、燃料の値が上がり過ぎて採算がとれない事態となる。というより肥料が入手できないかもしれない。

二〇一三年は肥料が手に入りにくくて、毎日百円ずつ値上がりしていく状況だったという。漁業者も一回の出漁で燃料費が二〜三万円と、赤字になってしまうので出漁しないということもあった。

中国は農産物の確保を東南アジアに求めていくようであるが、熱波や竜巻、大洪水の頻発を見ると、彼らの思いを都合よく叶えてくれそうにない。

猛暑からの急激な冷え込み、寒冷からの急激な猛暑に農作物の生体はついていけない。

二〇一三年の春の貝類の死滅、夏の作物の立ち枯れにもその影響が現われていた。

いまは年がら年中季節に関係なく、いろんな野菜や果物があるが、間もなく食べ物が手に入りにくくなってくる。天候がいままでのようにはいかない。食べ物が手に入りにくい時代が必ずやってくる。

なによりも世界の人口が百億人になったら、現行の農業技術では食料を賄うことができない。（神谷先生談）

神谷先生は続けて言う。

人口百億人でも、ハイテクの農業技術ならば賄うことができる。

どうやら、急激な温度変化や日照りでもなんとか対応することが可能な技術はありそうだ。

私にとって神谷先生の農業技術を取り入れることができたことは非常に幸運だった。

新規の農業分野への参入者にとっては、前述のような状況はすべてチャンスととらえることができる。自分たちを必要としている場が用意されているととらえれば、夢に翼が生えてくる。

それにしても日本はなんと恵まれた国なのだろう。これほど水と森林面積に恵まれた国はほかにはないといえる。外国勢が日本の山を狙う気持ちもわからないではない。

日本の農業の今後は、工業以上に有望と私はとらえているのだが、あなたはどうだろうか。

苦労と赤字に象徴される農業者は次々にリタイアしていく。快適と黒字に裏打ちされ、他者に貢献する新規参入者が次々に登場する。私たちもその一人になれる。

不作を日照りのせいにし、雨のせいにし、人間の都合のせいにして知恵を封印している農業者には、そろそろ目覚めてほしい。赤字になる手段を選んでいるのはほかでもない自分自身である。自分の選択の結果なのである。

「素直、学びグセ、好奇心」をよび戻そう。歳のせいにして諦めを口グセにする自己憐憫《れんびん》から目覚めよう。

日本の農産物はもともと高額であっても外国からの需要はあった。いずれその時期がまたやってくる。悲観材料を探せばいくらでも出てくる。楽観視するところに必要な知恵が生まれ、創造の芽が芽生えてくる。しなやかにしたたかに人生を謳歌できる。

34　立ち枯れを防ぐ

立ち枯れには「連作障害といわれるケース」と、「急激な寒暖差による立ち枯れケース、猛暑での立ち枯れケース」がある。土壌の中のエン（塩分）の濃度が、植物の中のエン（塩分）の濃度より高くなると起こる。

植物のエン（塩分）の濃度〇・四五％より土壌のエンの濃度が高ければ、土壌中の水（養分）は植物のほうへ上がってこない。

急激な寒暖差でおかしくなるのは人間も植物も同じで、植物の中のどこかで水が断ち切れ、その切れた空洞に空気が入って生体が分断されてしまう。生体水が断ち切れたままであれば植物はすぐに立ち枯れていく。

生命力が強ければそんなことにはならないが、過保護な育て方をした植物は弱い。野菜が一日で枯れて全滅する場合もある。

水を吸い上げることができなくなった植物を手押しの揚水ポンプにたとえるなら、手押しポンプはよび水を差すことで再び水を吸い上げることができる。

その要領で、酵母エキスを七〇〇倍に薄めて葉面散布する。散布することで植物中のエン（塩分）濃度を心もち高めてやる。すると、土壌の水分と栄養が吸引され出して葉の水分も潤沢になる。

行わなければバタバタと立ち枯れていく植物が、散布すれば息を吹き返す。知っているか知らないかの差は、プロの農家にとって天国と地獄ほどの差となる。

植物が水を吸引できず立ち枯れていくような土壌は、エン（塩分）の濃度が高いながらも、土の栄養は高い（過去の化成肥料などの蓄積）ので、それを餌にしてセンチュウや、ノザリウムなどの菌が増殖していく。

しかし、無機化された土壌の無機は、植物以外吸引できない。そしてエン（塩分）が中和されていくことになる。土壌中にセンチュウなどの餌がなくなれば植物に害をなす彼らはなりを潜めていく。

35　連作障害の従来の認識をただす。何十年でも同じものを栽培できる

連作障害とは、前項でも述べたとおり「土壌のエン（塩分）の濃度が植物内のエンの濃度より高くなり過ぎることによる障害」をいう。

土壌は二年目、三年目と植物に必要な栄養が吸われて、その養分が減っていく。しかし、土壌のエン（塩分）はどんどんたまっていく。すると、植物のエン（塩分）よりも、土壌のエン（塩分）の濃度のほうが高くなっていく。

植物内のエン（塩分）が〇・四五％なので、土壌のほうのエンがそれより高かったならば水は植物の体内には上っていけない。水（溶解した肥料分）を取り込むことができない。吸引できない。それを「連作障害」というのである。

要するに、植物の中のエン（塩分）と、土壌の中のエン（塩分）との関係性が大事なのであって、土壌のエンを中和すればいいだけのことなのだということを知ってほしい。

どうするのかというと、太陽光（紫外線）を利用して土壌のエンを中和していくことにな

る。難しいことをいっているようだが、肥料を撒く要領で「肥料に代わる資材」を土壌に混入するだけ、単純で簡単な作業ですむ（これは国際特許を取ってまだ五～六年である）。たとえば、塩水をつくって太陽光にさらし、六か月ぐらい置いておくと甘くなっているが、それは、太陽光によって塩が中和されたことを意味する。

昔は畑のそばに肥溜めがあった。塩分は尿などに含まれているからしょっぱい。しかし、半年ぐらいすると、その肥のエン（塩分）が太陽光で中和されて甘くなっている。先祖たちは、エン（塩）が中和されたものを土壌に撒いて植物の栄養にしていた。先祖たちは、エン（塩）を分解することを知っていたのである。

それが農耕民族、ご先祖たちの知恵なのであり、私たちが受け継いでいる資質なのだが、いまは自分で考えることを放棄している人が多くなった。

36　日光で焼けないエンの開発と葉へのコーティング

植物の立ち枯れや病気の原因はいくつかあげられますが、土壌中のエン（塩分）の濃度が「植物のエン（塩分）の濃度」を上回れば、植物は水分を吸引できません。この時にカーボンベースの希釈液を葉面散布することで手助けすることを知っていれば、元気に育てることができます。また、急激な寒暖ショックによる立ち枯れも防げます。

しかし生き返ったものの日差しが強烈過ぎて、葉が日焼けしてしまう心配が生じてきます。そこで、もし日焼けしないエン（塩分）が開発されたとしたなら世界的な大発明といっていいでしょう。辛くないエン（塩分）があれば植物には最高のプレゼントになります。希釈した溶液中のエン（塩分）が辛くなければ日にも焼けにくくなって、水を吸い上げてもくれるのです。実はこういうものを開発してあります。

さらに葉にコーティングをすることで酸性雨などから防護するコーティング法も、既に用い始めております。酸性雨が葉に当たると、葉の細胞が傷ついてしまう、破壊されてしまうのです。これを防護するのが、「葉を小さく葉肉を厚くすること、辛くないエンの希釈液と、葉のコーティング」です。（神谷先生談）

しょっぱくないエン（塩分）が
水の吸引の途絶を防ぎ
葉が日に焼けてカラカラになるのを防ぐ
葉にコーティングして酸性雨から身を守る　（神谷）

37　良心が喜ぶ道を選ぶ。太根と毛管（毛根）の話

太根と毛管（毛根）は役割が違うと、神谷先生はおっしゃられる。以下、神谷先生に学ぶ会でのお話の内容である。

太い根は水と窒素を吸います。そして、毛管（毛根）はリン、カリウム、カルシウム、マグネシウム、鉄、マンガンなどの微量ミネラル（栄養）を吸います。役割が違うのです。太根は水と窒素を、毛根は栄養を取り込むのです。

土壌を、「土壌の中」から見上げているようにイメージしてみてください。いろんな根っこがびっしり生えて栄養を取り込んでいます。微生物の目になったつもりで見れば、そのように見えます。

同じように、微生物の目になって人間の「小腸の中」から内壁を見まわしているとイメージしてみてください。すると、人間の腸壁の毛管も、土壌という腸壁の毛管（毛根）と同じように栄養を取り込む構造になっています。

土壌も腸も一緒。同じような役割を持って、いろんな菌がコロニーをつくって棲息していることがイメージできたでしょう。どちらも「発酵場」なのです。したがって「発酵場としての適正温度」が保たれなければ体（植物も人間も）が健康を保てません。

土壌に腐敗菌が蔓延（まんえん）したらその毛管（毛根）が貧弱になり、あるいはすり減って病気から死へ向かうでしょう（野生の草だけはしたたかに生き残るかもしれないが）。栄養を取り込むのは毛管だから、これが消耗したら栄養を取り込むことができません。リンやカリなどを取り込む役割は毛管（毛根）なので、栄養がどんどん欠乏していくことになります。

人間も腸に不自然なものがなだれ込んできたら乳酸菌には手に負えません。そこで大腸菌に処理してもらうことになりますが、この腐敗菌が蔓延すれば腸壁の毛管が荒れたり、衰弱したりしてまともな血液ができにくくなります。栄養が取り込めなくなるのです。

発酵場は発酵場としての温度の維持が前提になります。土壌の温度を意識するということはそういう意味なのです。みんなで食事をともにして同じものを食べた場合でも、腸が発酵場として整っていない人は栄養として取り込めないため、いろいろな症状が現れるのです。

また、人間の体は、毎日肉や脂ばかり取り込むようにはできていません。歯の形を見てみればわかります。病気になるような食生活をしておいて、おかしくなったらお医者にかかればいいというのでは、自分の体に対してあまりにも無責任だといえます。

植物は無機のものしか取り込めません。有機のままでは取り込めないのです。

有機由来の無機を入れるというのは、植物が吸引できるものを入れるということです。

また、植物も人間も、猛暑から急な寒冷、寒冷から急な猛暑、日照り、水枯れというようなストレスがたまると栄養が取り込めなくなります。土壌に水分があっても取り込めなくなるという立ち枯れもあります。

その時は人間が手助けするしかありません。が、そのやり方を知らなければやりようがありませんね。

人間も毎日いじめられたら腸の繊毛がすり減って、血液をうまくつくれなくなります。ストレスがきわまると栄養を取り込めなくなって「病気から死」へと向かいます。

そのことを知ったうえでしなやかに行動をするようにしてほしいですね。

根っこは水や養分を吸引するだけではなく不要なものの排泄をしている　（神谷）

神谷邸の庭にある大きな池

38　葉っぱに根を教育させる

（以下、神谷先生に学ぶ会にて）

植物は水と窒素を「太い根」で吸います。だから根っこは、誰が水をあげても吸引してくれます。そして、太い根は窒素より大きいので、太い根は窒素については吸引できるのです。

よくいわれるところの硝酸態窒素という毒性のあるありがたくないものがどんどん植物に残留していくというのは、太い根が窒素を簡単に取り込めるからなのです。ところがリンとかカリ、それからマグネシウム、カルシウムなどの栄養は、細い毛管（毛根）が吸引する役割を担っています。

いいですか、栄養分を吸う役割を担っているのは毛管（毛根）のほうなのです。このリンとかカリとかマグネシウム、カルシウムなどは「原子」がものすごく大きいのです。毛管（毛根）にとっては「ビルを丸ごと吸い上げなさい」と言われているようなものです。

ですから、毛管（毛根）が細過ぎたのでは吸引は不可能ということになるのです。毛管（毛根）に、人間の髪の毛ぐらいの太さになってもらうように、葉っぱから教育をしてもらうのです。葉面から毛管（毛根）に情報を飛ばしてもらって、毛管（毛根）に太くなってもらうのです。

実際に行うのは「希釈液の葉面散布」ですので、別に難しいことではありません。私はそのように指導しています。しかし、一般的にはどうしているのかというと、化成肥料を与えて、それで終わりという人が多いのでしょう。

これでは一部の毛根が頑張ってはみても、リンやカルシウムはなかなか吸収しきれません。吸引されませんので、「少なかったかな」ということから撒く量を多めにしてしまうのです。毎年そのようにして投入し続けるのですから、畑にどんどん肥料が残留していくことになってしまうのです。

リンはアルカリ性ですから、何年もすると極端にアルカリ度の高い（pHの高い）土壌になってしまうのです。アルカリは土を固めます。作土（耕盤）が固くなる原因の一つです。十年～十五年使っている畑を土壌分析してみますと、リンが異常に残留している畑に出くわします。

リンは甘いもの（糖）をつくりますので、しっかり吸い込んでもらわないとおいしい作物ができません。しかし、植物の葉っぱに、毛管（毛根）を出すように、太めに出すように情報を伝達させていかないと吸引しきれないのです。

葉っぱに根っこを教育させること、そうしないとプロとしての「収量の算段」がつかなくなります。

次に、窒素についても触れておきます。

空気中の七五％は窒素です。ですから、これは無限といっていいですね。

窒素は化成肥料を投入するのではなく、空中から取り込むのが上手なやり方です。そうすると余計な毒素（硝酸態窒素）が残留する弊害もなくなるのです。

カルシウムやマグネシウムは、始めから
イオン化して吸引させているので
これが作物に不足するということはない（神谷）

39 葉っぱを小さくつくってやる

果樹の栽培は、葉っぱが小さくなるように教育をするのです。

小さい葉っぱにすると「葉肉が厚く」なり、養分の流れがよくなります。病気になりにくく、虫がつきにくくなるなどの効果が現れます。

また、葉が薄いと水分が少なくなりがちです。水分が少ないと水分と養分の流れが悪くなり、免疫力が落ちて病気になりやすくなります。

葉が大きければ日光が全体に行き届かないし、風通しの邪魔になります。風が停滞すれば虫がわきます。虫のたまり場になるのです。日光が通らなければ大きい葉に遮られた葉がうまく活動できません。葉を小さくすれば、結局、さまざまな作業の手間が省けるのです。

果樹栽培の場合は、葉を小さく、葉二十五枚当たり一個の果樹がなるようにすると、おいしくて元気な果樹ができます。大きい葉っぱも小さい葉っぱも遺伝子の数は同じなのです。

同じ枝についている葉っぱは、直径三〇センチの葉も、直径一〇センチの葉も働きは同じです。大きければなにかが勝っているということではありません。むしろ逆なのです。

これは人間にも当てはまります。大きくても小柄でも遺伝子の数は一緒です。体はコンパクトなほうが効率もよく、したがって長生きがしやすいという一面があるのです。
私は果樹を七ヘクタールの広さで栽培してきました。二ヘクタールでナシを栽培していた時期もあります。現在もミカンやブドウを始めさまざまな果樹を試験栽培していますが、栽培する以上はいつでも最高の品質のものを提供します。

（神谷先生談　神谷先生に学ぶ会にて）

四国愛南町　稲刈り直後の田んぼにて

40　曇り空、植物は活動を鈍らせてしまうが、活発化させる方法は？

曇り空の時、植物は成長のための活動を鈍らせてしまうが…

「きょうは曇り空なので誠に申し訳ございませんが、このままではお休みさせていただくことになります」という植物からのメッセージに、あなたはどう応えているのだろうか。曇天が続いているので成長が止まったままですということになるのか、活発に成長を続けていますということになるのかは、かかわる人間しだいである。

はっきりしていることは「曇り空であっても紫外線は地上まで届いている」ということである。曇り空の時に植物の活動に不足するものを補ってやるという「手助け」ができるかどうかが農業者のレベルの違いとなる。

また、趣味で園芸をする人であっても、アドバイスをいただける人脈があれば質の高い結果を得ることとなる。そして、この本の読者は既にその人脈を手に入れていることになる。具体的にはどういう希釈液を葉面に散布するのかということに尽きる。

同様に、風が風速三メートルを超える状態下では植物は成長できない。が、そういう時でも植物に仕事をさせ続けるためにはどうすればいいのか。これについては既に結論は述べた。風が比較的強い中にあって、「植物の活動に不足するもの」を補ってやるという「手助け」ができるかどうかが農業者のレベルの違いとなるのである。

あるタイプのカーボン化希釈液（自然素材）を三回葉面散布すると生殖転換がなされる（神谷）

41　時代は変わった。見方を変えればこんなおもしろい時代はない半世紀に一度のチャンス！

高齢の進行と後継者難で農業を辞めていく方が多いということは、農業施設や中古の機材が空いてくるということを意味する。これからそれが加速する。これを悲観視するか、チャンスと見るか、どちらも正しいといえるのではないか。

現在の農業者の平均年齢は六十六歳だという。そうすると、十年も待たずに大半がリタイアしていくだろうことが予想される。

新規参入者にとってはチャンスでしかない。経済を牽引し、新しい潮流をつくっていくのは、いつでも同世代人口が最も多い世代である。すなわち、日本国でいえば六十六歳から六十八歳前後の年齢層が新しい時代をつくっていくことが予想される。

すなわち農業分野からリタイアしていく層も、新規参入してくる層も案外と同世代間での交代劇となる可能性が高い。

ともあれ本書の内容は、楽を追及する農業手法である。草取りや虫との格闘から解放された農業は、苦労ではなく工夫の楽しみが待ち受けている分野なのではないか、と思えるのである。

農業は、方法を変えれば裕福な経営への道がくっきりと見えてくる。新規参入者にとってこんな有望な分野はなかなかあるものではない。半世紀に一度のチャンスといえるのではないか。

年齢制限がない分野というのはなかなかあるものではない。男女制限がないというのもなかなかあるものではない。

農業分野に上手に参入していくコツがある。それは、うまくいっている人たちのやり方を徹底して真似ること。真似をし尽くすことである。

それから、金をかけずに始めること、できることから始めること、である。まず行動に移すこと。一歩踏み出さなければなにごとも始まらない。

知行合一（知ることと実践を一致させていくこと）こそが肝要なのである。

42　若者が喜んで参入する農業の仕組みの素案　神谷成章

日本の農業をいかに若者に継承するか、いかにして若者に魅力ある農業の仕組みを提供できるか、日本を食の面から立て直す。

このことを真摯に考えて準備を進めていらっしゃるのが、御年八十二歳の神谷先生。

● 就農する若者の年収が「愛知県のサラリーマン平均に負けない」仕組みをスタートさせる（愛知県の平均給与は全国一）。

● 職業としての農業を花形にしていく。

● 週休制でできるようにする（サラリーマンと同じに）。

● 水やりもタイマーで、温度管理も自動で。

● 草を取るのが嫌だとか、長靴がかっこ悪いなどという若者に、草取りがいらない、サンダルでもできる苦労いらずのかっこよい栽培法を提供したい。

●ハウス栽培でも油代がかからないやり方を教えていく。太陽エネルギーを貯めて自然に温度が調節されるようにしたい。ハウスに張られたビニールを温度センサーにしていきたい。敷きマットで地温が逃げるのを防ぐ。

●毎秒何千万個と出ている紫外線と、ある金属との摩擦熱を利用する。太陽エネルギーと超好熱菌によってできる炭化（カーボン化）資材を使う。

●もともとハウス栽培の作物単価は高いが、成長速度がおおよそ二倍になり、収量は三倍程度にはなる。そういう栽培法となる。

●いままでの農業の「辛い・過酷・割に合わない」とは対極にある農法である。

●虫がつかない。虫は暗い所、風が届きにくい所を好むが、葉面が小さくなるので光も風も届きやすい。

●用いられる炭化（無機）肥料は植物しか食べられない。植物が電子をたくさん取り込んでいるので虫が感電死する。電気・電子・イオンに着眼する、いわば電子工学農法ともいえる。

●用いる炭化肥料は太陽光でプラスとマイナスの電子がぶつかり合い、センチュウやネーマ等は生き残れない。

- 苗を買わなくてもいいようにする。
- 若者向け農法の展開は、まずハウス栽培「一株一袋ごと」の袋栽培としたい。
- 二十五歳から三十五歳ないし、四十歳の層にどんどん参入してもらう。

以上のような要領で生計を立てながら、さらに油の生産を植物で行っていくことができればいい。（神谷先生に学ぶ会にて）

43　新規参入者ははじめ結構な収穫をするが、やがて辞めていく？

なお、休耕地等で菜園を始めた人が「たくさん収穫できました」と言ってくるが、エン（塩分）の残留濃度が薄いならば、誰がやってもできてあたり前なのであって、「幸運だった」というだけのことなのである。

しかし、三年ぐらい経ってくると土壌中にエン（塩分）が残ってくる。すると収穫ができなくなる。それが原因で辞めていくということではもったいない。

これは大事なことなので知っておいたほうがいい。

44　方法を変えるだけでいいのだが、篤農家ですら苦労、苦労で儲からないと

篤農家とは、名前がよく知られた多くの人が目標とするような存在の方をいうのだと教わった。有名だから農業で儲かっているかというとそういうわけでもないという。

その人が篤農家として名を売っても、その息子さんが後を継ぎたがらない。

「あんなに朝から晩までやったって儲からんじゃないか」ということらしい。「暗いうちから起きて、夜、暗くて見えなくなるまで苦労に苦労を重ねてやってもなにもいいことがない」という声も耳にしている、ともうかがった。

楽にできるやり方がある。方法を変えるだけで出費が減り、草取りや虫対策にも困らずにすむ。空中から植物の養分を取って、作業工程も大幅に減って提供先の方々にも喜ばれる。自分も家族も安心して食べられる。

「赤字になりようがないはずなのだが、なぜ、みんなに喜ばれる方向を向かないのだろう」と、神谷先生はおっしゃる。

45 農に転身、病が契機！　大きな会社の経営者の転身のわけ

死と向き合ったことが契機

既に亡くなっていたかもしれない転身者たちが、生き生きと夢を語る姿に出会う。するとこちらまで幸せ感でいっぱいになる。あの大病のことをもう忘れたかのように夢を語る。豊かに生きるとはどういうことか。良心が喜ぶ生き方がある。人に野菜をあげたくなる。健康になる野菜を食べてもらいたくなる。それは他者への奉仕貢献である。そこから使命が見出せる。

田んぼや畑に出れば、やがて野菜や稲と会話をし出す。陽を浴びて、空と語らう。風や虫とも語らうことができる。やがて、微生物と対話をしている自分と出会う。目には見えない本質と語らい、真理が見え出す。

赤ちゃんは三七度ぐらいの体温（自然体）で生まれてくる。しかし、いまは三五度台の不自然体（病的）で生まれてくる児が多い。白いので赤ちゃんではなく白ちゃんという。それからずっと半病人状態のまま育っていくのだが、やがて大病を患う。

しかし、大病から気づきを得る人が出てくる。もちろんそうでない人のほうが多い。大病をチャンスとすることができる。痛い目にあわないと気づかないという面もあるにはあるが、人は病を経験してから上手な生き方があることに目覚める。

不自然な食に気づき、自然な食を心がけるようになる。死の淵を覗いて帰った者は、病からのメッセージを受け取り、ベストなタイミングで大地（畑や田や山林）に目を向け始める。

心身の健康を取り戻して、やがて異常な「種」の世界にも気づき出す。

神谷先生談「一度ガンやなんかになって死に損なった人は絶対指導どおりにやるだろうね」

46　三十坪（約一〇〇㎡）あれば家族五～六人が生活できる

「三十坪あれば家族五～六人が生活できる」。以前、神谷先生にそう言われたことを、すっかり忘れてしまっていた。その七か月後の神谷先生に学ぶ会でのこと。

先生はサンルームの先に見えている小さな菜園を指さして、「この広さがあれば家族五～六人の健康な生活が保てる（生活できる）」と言うのである。そういえば以前も同じことを言われていた。

二度同じことを言われた時、「それは、先生が若い頃山中をいまの楽園へと切り拓いていく途次の生活体験からきているのだ」ということに、やっと気がついたのだった。

神谷先生の特徴は、自身が実践してきたこと以外は話さないということにある。すべて裏づけがある、根拠を持っているのである。薄っぺらに論がたつ評論家とは違う。しかし多くの人はそういう評論家と同じように聞いて薄っぺらに聞き流してしまう。その筆頭が私なのかもしれない。

指さした先には、まだ菜園にして間もない三十坪ほどの空き地が見えていた。そこには神谷先生が栽培試験中の、おすそわけの野菜と根菜が植えられている。神谷ショウガ、年中新ジャガ、丸い自然薯（大薯・ダイジョ）、神谷タマネギなど。

丸い自然薯は、インドネシア原産で日本の山野で育つ自然薯以上の粘度や栄養価があるといわれている「山のイモ系のトロロイモ」であるが、贈答用として私どもGOP自由芸術農園の主力栽培種となっていくことだろう。

西風の時種を播くのと、南風の時種を播くのとでは、南風の時に播いたほうが二倍は多く取れる　（神谷）

47　髪が黒々、農協のトップ層が自ら米や野菜を栽培

神谷先生の長年の友人に「西三河農協」の代表理事専務（二〇一四年時）の高山哲夫氏がいらっしゃる。

髪が黒々していて髪の毛の後退もなく、肌の張り具合から五十歳前半ぐらいの方とお見受けし、失礼ながら年齢をうかがってみたところ、なんと六十五歳（同）だというのである。

実は、日本の農業の現状や近未来の展望をうかがおうと思っていたのだが、そんなことよりなぜ体が歳をとらないのか、ついそのことのほうに話題が集中してしまった。

すると、米も野菜もご自身でつくっておられるとおっしゃられる。今後を見据えて、新たな需要を掘り起こす野菜や根菜の試験栽培を兼ねて、ご自身の食材を栽培しておられる方であった。

農協のトップ層の方は貴族のような日常を送っていらっしゃるとばかり思っていたが、そのイメージが吹き飛んでしまった。しかも何十年もそのスタイルを崩されていない。

地に足がついているので気さくでお話がしやすいのである。

いろいろと貴重なアドバイスをいただいたのだが、まずは、農業者の健康について考えさ

せられる内容となった。

専業の農業者は栄養失調になりやすい。あるいは、ガンを防ぐ作物をつくっているはずのレンコン農家の方が、案外とガンになることが多い。自分が栽培したものは案外と食べないものらしく、なるはずのない直腸ガンになったりしているという。

その場には神谷先生も同席されていて、「摂取しなければいけない野菜が最も欠乏している人は専業農家が多い」。

神谷邸にて　高山さん

「愛知県でもどこでもそうですが、農業者がみんな専業化してしまっています。ナスをつくる人はナス、ミカンをつくる人はミカン、キュウリをつくる人はキュウリというように専業化してきているのです」。

「それ自体はとやかくいうことではないですが、せっかく農地を持っているのだから、自分で食べる分ぐらいは野菜全般をつくっていいはずであり、その特権があるのだろうけれどもつくらないのです」と言うのである。

「野菜類と直接接していて、最も病気や死から遠い存在のはずの農業者が、野菜摂取不足で病気になるという笑えない現実があるのです」とおっしゃられる。

「それに、栽培者は案外と自分でつくっているものを食べないのです。毎日いじっていますと、食べる気にならないのかもしれません」

「それから、消毒液散布と農薬散布で亡くなられたと思われる人がいる。だから、やり方を変えなさいと言っているのだが」

方法を変えれば評判の野菜がつくれるだろうと思うのは私だけだろうか。

自分がかかわった野菜が評判になってうれしくない人はいないだろう。すると、その評判につられて、ご褒美として自分にも食べさせたくなるのではないだろうか。

すべては自己責任なのだ。貴重な情報をいただき、すばらしいひとときに感謝しつつ、まずは自分の食を見直そうと思ったひとときであった。

野菜は、本来薬草だという
自身の豊かな人生を強力にサポートしてくれる野菜を

自らつくれる立場にありながらそれを放棄するのは
左脳をあまりにも無防備に外部にさらし過ぎるからである
左脳は素直過ぎる
左脳は外部の情報にコントロールされ
いつでも自分の体を破滅に向かわせる
その原因はあなたの食べるものがあまりにもひど過ぎるからである　（大下）

48　大きく育てていいものは大きく育てる

レッシングというホルモンがあります。

目と目の間のあたりがそのホルモンを分泌する位置です。このホルモンが私たちの身長を伸ばすのです。成長させるのです。

専門の方々はそういうことを知っています。したがって、生まれてきた赤子が異常に小さ過ぎると生後二～三か月で処方することも可能です。いまはそういう時代です。

以前は極端に小さい子が結構いたものでした。いまの若い人たちにはあまり小さい子がいないですよね。

人にかぎらず、植物でもちょっとしたことで背が伸びる個体があれば小さい個体もありま す。ですから、植物でも大きく育てたほうがいいものは大きく育つようにつくります。もちろん、なんでも大きければいいというものではないですよ。大き過ぎても小さ過ぎても流通から外されます。

料理に使う場合でも、あるいは保存をする場合でも、大き過ぎたら迷惑だったりしますよね。相手の都合を考えてあげるのも農業者の良心です。

私は、ゴボウは大きく育てるようにしています。ゴボウ茶は非常に大事な飲みものです。これは毎日飲みます。コーラ瓶より太いぐらいのゴボウができます。大き過ぎるので手作業では無理なため、ユンボーで掘ります。

（神谷先生談　神谷先生に学ぶ会にて）

49　八十二歳の神谷先生が長年自らを育んできた食べ物のこと

体が毎日必要とするものは、一年中食べられなければ意味がありません。

この後、毎日の常備食について主だったものを順に述べていきますが、安易に考えず、毎日欠かさず、楽しんで取り続けるクセづけをしてください。

そして、農業者はジャガイモやサツマイモ、ニンジン、タマネギ等のなかで、自分が手がけている種類については、「今日はありません」というのではなく、一年中供給し続けられるような農業者であってほしいものです。

ショウガやゴボウも毎日ほしい食材です。サトイモ、カボチャ、スイカも貯蔵を含めて一年中ほしい食材です。


野菜という食材と健康の関係性の研究は、主に脳梗塞で亡くなられた六人の弟や妹たち、そして両親を三十年ほど前から強く意識し、今日まで続けてこられたものと推察する。肉類を食べるということはあまりなかったという。そういう気は起こらなかったとも。

神谷先生は自身で実践し、効果を確認し、周囲で再確認したこと以外は他者に伝えない。

先生や高山さんの食に関する話をうかがうのは宝物に接するようなものだと思う。
では、これから神谷先生のお話を中心に項目ごとに書いていきます。

神谷邸にて

① 摘みたてサラダくらぶ、子どもを健康体に、ビタミン補給野菜のベランダ栽培

毎日必ず取るものは、自分で栽培しているコマツナ、またはホウレンソウです。毎日欠かさず取れたてのビタミンCとEを食べてください。

体温の低い児童が非常に多いのです。これは正していかなければならないと思い、ビタミン補給野菜の単純化栽培法を広めてまいります。

ベランダや庭から取って毎日食べさせます。そうすればまず病気なんていうものとは無縁になるでしょう。

ビタミンCとEとは毎日いるものです。ビタミンCとEの大事さは、「車とエンジンオイルの関係」にたとえればわかりやすいでしょう。

車のエンジンオイルをきちっと点検していたら、二〇万〜三〇万キロ乗っても変わりません。壊れませんね。ビタミンは、自分にとってのエンジンオイルです。毎日取るようにしてください。

昨日余計に食べたから今日は食べなくていいというものではありません。貯めることができないのです。しょっちゅう必要とされるものなのです。

ビタミンCとEを毎日欠かさず野菜から取ってさえいれば、大きな病気にはならないといえるでしょう。いまの子どもさんはなかなか生野菜を食べません。しかし、一般に出回っている「ホウレンソウ」が生食には向かないものであることも事実です。

化学農法での生野菜は硝酸態窒素という毒性を持っています。化学的な合成物も売られていますが、こういうものは体が吸収できないのです。

硝酸態窒素とアミノ酸態窒素は食べ続けていたら命を落とすといわれるほど、体にはよくないものなのです（この野菜を食べて死んだ牛がいるという複数の情報がある）。

そこで、生食を前提とした毒性のない「コマツナやホウレンソウ」等の青菜をベランダや庭で栽培してもらいます。体にいい健全な生野菜を子どもが食べられるようにするのです。


私は八十二歳で七人兄弟の上ですが、私以外はみんな三十年ほど前に亡くなっております。そこで「健康と野菜の関係」を研究してきました。

長年かけて実際に栽培し、食を実践してきて今日があります。

その経験を子どもたちの健康に役立てたいのです。人間は、小さい頃に食べたもので体質がつくられていくことは確かです。

栽培法はごく単純です。種は二回播きます。半年サイクルで行います。それで一年中食べられるようにしていきます。

水やりは半年に一回程度でいいようにできないものかと、超好熱菌由来の炭化（カーボン化）育成土を調整試験中です。

化成肥料も液肥もなにもいりません。それに、虫が寄ってきません。育ちが早いのも特徴です。なにより体にいいものです。


菜園や庭がない人はプランター（ポット）、あるいは袋や発泡スチロールでの栽培でいいのです。買い物袋でだってできます。

袋を半分に切って、底部に四つ穴をあけて育成土を入れます。そこへ「指定の種」を播いて始めます。

ビタミンCは一般のものの十倍以上はあります。それを毎日、朝食の五～十分前に取ってそのまま食べると、野菜中のビタミンCとE、カルシウムが一〇〇%取れます。一〇〇%吸収されてしまうのです。

ビタミン類は日を経るほどにどんどん減っていきます。ですから市販のものはベランダでの取れたて野菜には到底かないません。しかも、農薬だの除草剤だの液肥だのはまったくいらないのです。

そういう野菜を培養していきます。培養するということは、いちいち季節ごとに種を播かなくていいようにするという意味です。それを培養でつくる。そういうものを開発しました。年二回種を播いて、収穫をする時は外側の葉から取って食べるようにします。すると、取っても取ってもまた生えてきて、一年中収穫できるのです。一年中収穫できるということは、栽培コストがただ同然になっていくということになります。

現在一般に、野菜は口に入るまでに五日間はかかっています。五日も経てば、もうビタミン類は半分以下になっています。ビタミン類はそれぐらい逃げやすいものなのです。農家が畑から取ってきて荷造りして、翌日のセリにかけられます。仲買さんがそれを買って行って、それから店頭に並ぶのです。

それと、野菜はカットした段階でエチレン酵素を出して酸化が進み、端的にいえば死んだ野菜になります。カットしてから五日も経ったものを口にするのはそういう意味でもいただけません。人間だって指を一本切っただけでも放置しておけば死んでしまいます。これは健康管理上、非常に大事なポイントですから是非覚えておいてください。

山の中のコマツナ畑

ベランダより広いスペースが確保できる人は、畳一枚分の広さがあれば家族三〜四人の一年分の補給には十分な広さです。この広さの場合は、水を一か月に一回ぐらい散布するようにします。

たとえばアトピーでなんともならないとか、もともと肝臓や腎臓が弱いというような人は、言ったとおりにベランダや庭で実践してみてください。

さて、こういうことをいくら説明しても人間という生きものはなかなか動かないものです。学者さんや実業家、政治家や農業関係者の方とよく食事をご一緒しますが、長年、食と寿命の関係を観察してきておりますので、「この人はもうじき死ぬな」と感じた人はことごとくそのとおりになっていきます。

日常の食事をおざなりにしておいて、「病気になったら病院に行けばいい」というのは、生命を冒涜するに等しいとすらいえます。

以上、神谷先生談（大下一部補足）

② ゴボウは「活性酸素をコントロール」する

「摘みたてサラダ」で毎日良質のビタミンCとEが取れるようになります。続いて毎日取るものの二つ目をのせておきます。それがゴボウ茶です。

ゴボウ茶の天日干しゴボウは太陽エネルギーを吸引するので、そうでないゴボウの調理法の十倍の効果を発揮します。

最初にゴボウをササがきにしてざるなどに広げ、太陽光で乾燥させます。これをフライパンでから炒りし、やかんなどで煮出して好きな時にお茶として飲むようにしてください。

これは毎日飲んでください（慣れてくると毎日飲まなければ物足りなくなります）。

いまや「ゴボウ」は欠かせないものです。健康のための基本中の基本常備菜です。

たとえば手に油がありますね。ゴボウをちょっといじくっただけで、手の油分がカサカサになってしまいます。あっという間に油が抜けてしまうのです。

人間は「油分から毒素をつくる」のです。それを「活性酸素」といいます。活性酸素という毒を体内でつくれないと、身体は病原菌に負けてしまいます。

昔は栄養がなくて活性酸素がつくりきれなかったのです。それで、長らく人生五十年時代が続いてきた。五十歳頃が寿命だったのです。

いまは逆、自分の体でつくった活性酸素という毒で自分を破壊してしまうのです。それで、なかなか薬がありません。ガンになった時、その箇所を取り除こうとすると、いい細胞が死んでしまいます。

私の知りあいの学者がそういう油分を、ある植物で抜いてしまうことを発見なさった。それがゴボウです。ゴボウは、昔は薬として韓国から生まれたものです。食事用ではなく、薬だったのです。

ゴボウとはそういうものだということを覚えておいてください。そして自分の健康を守るものは、是非自分で育ててください。お茶にした後は料理に使うようにしてください。

深めのポットに土壌資材を入れて種を播けば育ちます。収穫時が楽でいいです。

こういう大事なことを知って実践すれば自分と家族が守られますね。自分でつくれるのです。自分が食べる分はそんなに場をとらないものです。

ゴボウは深くまで伸びていきます。

たとえばこういう固い所（神谷先生に学ぶ会の会場の前庭菜園）でつくる場合は少しだけ掘り下げて、ある液体（価格は非常に安い）を水で千倍～二千倍に希釈する。それをじょうろで長めにかける。土がふかふかになりますので、そこに土を盛って種を播きます。

下が固い地面でも、ゴボウは深く伸びていきます。クワやスコップで掘るのは結構大変ではありますが。できれば教えたとおりの資材を入れて行うようにすると間違いがないでしょう。ゴボウの種を播く時期は秋から五月までですから、播き時は結構長いのです。

③ 健康…まず体温を上げるショウガを日常食に

摘みたてサラダ→手づくり天日干しゴボウ茶ときました。毎日食べる常備食のその三は、ショウガです。

人間は体温の維持がきわめて大事ですが、しかし、歳をとってくれば体温も下がりがちになります。だから体温の上がるもの、「ショウガ」を欠かさないようにします。常備食にしておくと、いつでも手軽に口にできるようになります。

たくさん栽培していますが、この常備食も自分でつくります。栽培は簡単です。なんでも体験することが大事、教わったらすぐ体験してみます。すると、ひねたショウガより、若向きのショウガのほうがいいということがわかります。

ショウガの甘味噌漬けと甘味噌和えのつくり方を紹介します。

- まずショウガを容器に入れて塩をかぶせ、重しをのせます。約一週間でショウガの中の生体水がいっぱい出てきます。
- 次に、そのショウガをざる（金網でもいい）に広げて約半日、水を切ります。私は約一〇キロのショウガを使います。
- 次に、味噌を二キロ、ショウガに混ぜます。重しは軽いものに替えていいです。また同じように水が上がってきます。
- 甘みをつけるために、私はブドウ糖を約二キロ入れて混ぜます。みなさんは砂糖がいいでしょう。

（私はブドウ糖が会社にあったので使いました）

ちょっと甘いほうがうまいですね。私は一日一回食べます。量はそんなにはいりません。指の第一関節位の量を噛むと、口の中がホカホカして指の先から温かくなります。夜も体中がホカホカです。すごいものです。

ショウガは漢方薬の大半に必ず入っております。貼り薬もそうですね。自分でつくったらただじゃないですか。風邪もひかないし疲れが違います。「ショウガ紅茶を毎日飲んでいます」という人も賢い生き方をしています。

毎日取るもの、ここまでで「ゴボウ茶、ショウガ」ときました。次にジャガイモとサツマイモを順番に紹介しておきます。

④　年中新ジャガ　ジャガイモは毎日必須の根菜

ジャガイモぐらい栄養のあるものはないのです。

ビタミンCがリンゴの二〜三倍あるのです。しかも熱を加えても壊れません。でんぷんに守られていて壊れないのです。こんなに貴重な食材はありません。

大きさから見てリンゴのほうが何倍も大きいですから、誰もが栄養はリンゴのほうがあると思うでしょうが、実は違います。必ず一日に一回はジャガイモを食べます。いつまでも健康であり続けるための最低限の食のたしなみです。

ジャガイモを毎日食べるのですから飽きがきたり、まずくなったりしたら続きません。そこで最初の段階から味のついた汁に直接ジャガイモを入れて煮ておきます。

すると、そのまま食べてもおいしいし、おやつとしてもいい。いつでも気軽に取れます。これをいろいろな料理にも使うようにするのです。要するに保存がきくように始めに味つきで煮ておくのです。

ジャガイモというのは冷めるとクセが出てきます。温かいうちに食べればおいしいですが、冷めたら水っぽくなってまずくなるのです。そこで始めに保存を兼ねて、味をつけておくのです。

すると、ふかしてから味をつける方法とは、食味がまったく違ってきます。冷めたものをヒョイと摘まんでもおいしいのです。

最初から味をつけた汁でジャガイモを煮ます。煮立ったらとろ火にして、ゆっくりと栄養を染み込ませます。すると、二日経っても三日経ってもあまり味が変わりません。

普通、ゆでて柔らかくしてから調理しますが、それだと冷めた時まずくて食べにくくなります。それに冷めたら栄養も逃げてしまいます。

ところがこの方法だと、ホカホカを食べても冷めてから食べても味も栄養も変わらないのです。

「ジャガイモは皮ごと食べられなければ価値が半減」します。しかし、皮ごと食べられるジャガイモはなかなか手に入りませんね。

自分で栽培すれば、農薬等もいらないし、日光にさらしておりませんから、皮ごと食べられます。皮ごと食べられる育て方があります。私の栽培しているジャガイモがそうです。（神谷先生談）

なお、私も「年中新ジャガブランド」の新ジャガを栽培しています。一斉に収穫せず、畝の中から必要な分だけを素手を差し入れて取ります。

後になるほど皮はしっかりしていきますが、それも「皮ごと食べるための新ジャガ」には変わりありません。いくつかの畑で栽培していますが、畑によっては野ネズミの害にあったりしますが、大勢には影響しません。昨年は年三回植えました。（大下）

愛南町の農園で取れたジャガイモとニンジン

⑤　サツマイモの白い汁が腸を洗ってくれる

ここまでで、「摘みたてサラダ→ゴボウ茶→ショウガ→皮ごと新ジャガ」ときました。続いて「天日干しサツマイモ・焼きイモ・サツマイモ天ぷら」です。

これ（サツマイモ）も毎日欠かさず食べている大事なものです。サツマイモは天ぷらにして食べたらおいしいですよね。

このイモをちょっと切ると、真っ白な牛乳みたいな汁が出ます。これが腸をきれいに洗ってくれるのです。

手で触ると、あのアクが取れにくいのですが、これが内臓を守る命綱ですからね。サツマイモを取っていたら「直腸ガン」等の内臓の病気なんてありません。

このイモの糖は脳の大事な栄養、稀少な栄養です。自分の健康に非常に大事なので三〇アールで栽培し、一トン以上保存しています。これを「毎日」食べるのです。

少しの場所でいいですから探してつくるようにしてください。栽培は非常に簡単です。

焼きイモはオーブンで焼くと、お勝手仕事をやっている間（四十五～五十分）に、きれいに焼けておいしくできます。チーンとなって合図してくれます。そういう意味で誰にでも簡単にできます。

栽培するのも、オーブンで焼くのに都合のいい大きさで収穫するのです。大きければいいというものではありません。サツマイモは天ぷら、焼きイモ、ふかしたイモと、三通りの使い方がありますが、どれ用のイモに育てるのか、それによって「苗の挿し方」が違ってきます。

（毎日食べるうえでおやつとするなど手軽に取れるのが天日干ししたイモです。是非、手づくりしてください。大下）


焼きイモ用のイモの育て方については、苗の挿し方を斜めに、船底形に挿します。苗を垂直に挿すと丸いイモになります。だから八の字形（船底形）に挿すのです。すると、形状のそろったイモができやすくなります。

サツマイモは育つのに水がいりません。しかし、大雨にあったらよろしくない。だからマルチング（黒いマルチシート、安価です）しないといいイモができません。これをしていないと雨で土が湿ってしまい、できが悪くなります。

マルチングを施す時もまた、土が乾いた状態で行ってください。ほどよい穴があく棒（専用の棒がある）でマルチに穴をあけ、苗は斜めに挿すようにしてください。苗と苗の間の間隔は一般的な間隔より狭めて植えます。そうすると数が多く取れます。水は一回もやりません。どんなに暑くても水は一回もやっていません。マルチングしていますから当然、雑草も生えません。

イモが生育する栄養は、私（神谷）の会社のほうで既に浸透させてありますから、イモは確実に育ちます。

苗を挿した日にちを必ず記録しておきます。焼きイモ用の一五〇グラムクラスのイモは、苗を挿してから百二十〜百三十日の間に掘ります。その日が過ぎると、たとえ苗を船底形で挿した場合であってもイモはどんどん大きくなっていきます。

イモはなるべく大きさや形状がそろっていないと料理に手間がかかるし、糖度がそろっていないと、料理によってうまいまずいが出てしまいます。

イモを購入する側に立って育てるのです。大体一万〜一万五千本くらいつくっています。大きいのが取れたと自慢する人がいますが、そういうイモの需要はありません。適度の大きさと形、料理がしやすい大きさを意識して育てるようにしてください。

苗を挿してから百二十〜百三十日で収穫するとなると、おそらく真夏の間に掘るようになってしまうでしょう。イモのでんぷんは、温度が高いと糖に変えられません。すると、焼いても甘みがないのでおいしくありません。

暑い時に掘ったならば、すぐに涼しい所で寝かせます。高い温度から低い温度へと移行するのが糖度を上げるコツです。それによって蜜が増えておいしいイモになるのです。

焼きイモ用のイモは蔵（むろ）をこしらえて寝かせます。「むろ」をこしらえるのは土が乾いている時にしてください。「むろ」にイモを入れたら、その上に黒のマルチシートをかぶせてあげます。

温度が高い時、冷蔵設備がある人は温度一〇度で一週間貯蔵します。冷蔵設備がない人のほうが多いでしょうから、その場合は家や倉庫の中の涼しい所を探して一週間～十日間貯蔵しておきます。

プロの栽培者が冷蔵設備に入れて貯蔵するのは、掘ったままのイモは糖度が低くてまずいからなのです。収穫からのこういう手順を踏むと、ものすごく甘いサツマイモになります。

長期貯蔵をするときの注意点としては、温度が一五度より下がらないようにします。冬に腐ってしまうのは、長期の貯蔵温度が一五度を下回るからなのです。サツマイモを栽培する人はそういうことを覚えておいてください。

サツマイモは糖化酵素を持っています。この酵素がイモ自らのでんぷんを糖に変えてくれるのです。イモは寒さに弱いため、でんぷんを糖に変えて自衛しようとします。でんぷんは寒さにあうと凍りますが、糖に変わってしまえば凍りません。

サツマイモは寒さに弱いため、糖をつくることで自衛しようとするのです。それがサツマイモの知恵なのだといえます。

⑥カボチャは血栓を溶かす　血液の流れをよくし、自閉症にもならない

毎日の常備菜を「摘みたてサラダ→ゴボウ茶→ショウガ→皮ごと新ジャガ→サツマイモ」の順に紹介してきました。これらとともに重要視しているもののなかからいくつか取り上げ、順に紹介しておきます。

始めは「カボチャ」です。そして「スイカ、トロロ系のイモ、レンコン、サトイモ、ネギ」です。

カボチャは血液の流れをよくします。自閉症にもなりにくいといわれています。

梗塞による死は、死亡原因の第二位になっていますが、一命を取り留めても障害が残りやすく、以前はこれを「中気」といっていました。歳をとると血管が詰まりやすくなります。糸より細い血管が詰まるのです。

ビタミンEが非常に多いカボチャは年四回、すなわち一年中栽培しています。

コブシ大の大きさになるものを植えていますが、高齢の単身世帯が多くなってくるところ

いう大きさのものが求められるようになるのです。保存が便利で食べ残しが出にくい大きさのものが求められます。

人がほしがるもの、時代が求めているものを予測してつくる。それがプロです。カボチャは、食欲がないという人でもスープにすれば飲んでくれます。

⑦ スイカは腎臓の働きを助ける

腎臓は、「肝腎（肝心）要め」というぐらい血液浄化と毒性排泄を司る重要な臓器ですが、これという薬がないのですね。腎臓・肝臓・肺の薬はこれといったものがいまだにありません。

知人の研究者が「人体の毒を中和するのはどうやらスイカしかない」、スイカに有効性を見出したというのです。

そこでスイカをジュースにして飲むようにしていますが、一年中取れるというわけではありません。十月まではできますが、年の半分の六か月間は出回りません。しかし、このスイカを一年中食べられるようにしなければ「毒の中和に困る」と私は考えています。

そこで、年中食べられて、かつ、手にのるぐらいの小さなスイカを開発しているところです。小さなスイカは保存も楽で時代が要求しているものです。

二〇一三年にこの小玉スイカの開発に成功しましたので、これから培養に入っていきます。熱波の灼熱環境でも枯れないようにということから、五〇～六〇度の環境下での栽培試験も既に成功しています。

かなり前のことになりますが、佐久島という三河湾内の島の四〇ヘクタールの面積でスイカをつくっていました。

一日に九十七万玉を出荷していました。そのために一五トンの船まで建造したぐらいです。その後、みんなが真似をし出しましたがね。

⑧ 滋養強壮、「トロロイモ」系のダイジョ（大薯《だいじょ》）というイモ

粘り系のイモ(トロロイモ)は滋養強壮の代表ともいえます。長イモも栽培していますが、いま研究しているのがインドネシア原産の「ダイジョ（大薯）」という自然薯を丸く圧縮したような形のイモです。

山のイモ系のイモは世界中に七百種ぐらいあるといわれますが、このダイジョは自生の自然薯よりも粘りも強く栄養価も高い、そして甘いのです。

栽培も非常に楽なのです。雑草よりも強い。しかも、掘り出しが楽で保存も調理も楽なの

です。
　子どもに長イモを食べさせると「口の周りがかゆい」と言い出したりしますが、それがありません。料理していても自然薯や長イモよりかゆくなりにくいので、滋養強壮の食材の王様ともいえそうです。
　しかし、冬季の保存が難しいので、試験的に差し上げたみなさんはほとんど保存に失敗してしまいました。保存温度は一七度ぐらいがいいのですが、二〇度を超すと芽が出だしますし、明るくても芽が出てしまいます。（神谷先生談）
　神谷先生以外はみなさん保存に失敗したようですが、私の所はうまくいきました。すべて種イモに回してたくさんつくりますのでお楽しみに。（大下）

流水亭で育った　ダイジョ

⑨ レンコンとサトイモからカルシウムをいただく（カルシウムの取り込みは厄介）

カルシウムは、私たちが最も吸収しにくい物質です。歳をとっていくと体が縮んでいきますね。カルシウムが吸収できなくなるからです。いくら内臓が丈夫でも、足腰が弱ければ自由な行動が妨げられます。それでカルシウムのことにも興味を持って研究をしています。

カルシウムは非常に大事なものですが、原子が大き過ぎるのでなかなか取り込めません。かといって多くのサプリメントのように小さ過ぎると血管に付着して血流を圧迫し、脳梗塞や心筋梗塞などの原因になってしまいますし、高血圧や骨粗しょう症の原因にもなります。「カルシウムをサプリで取れば骨が脆くなる」といっても理解しにくいのではないでしょうか。しかし、体内でゆっくり取り入れられていくはずのものが急激に取り込まれると「取り過ぎ防御」の情報システムが働き、実際には不足が生じているという事態に陥ってしまうのです。すると、生体は骨を溶かして骨から不足分のカルシウムを補うという流れになっていくというのです。

生きものは善意の人工物によって生体システムを混乱させられ、サプリで骨を脆くすると

いうパラドックスが生じるという面があるのです。（大下）

カルシウムはいったん植物が取り込んで植物が有機化したものでないと、なかなか吸収できにくいものです。そういう厄介なものなのです。これは植物に助けてもらわないとなかなか取り込めるものではありません。

これを解決してくれるのが、レンコンとサトイモだというわけです。レンコンとサトイモにはカルシウムが多く含まれていて、ガンをも防いでくれる食べものです。

カルシウムは水か野菜から取り込むのが最も自然で有効です。

たとえば、サンゴの化石はカルシウムですが、これはもともと「生物」であったものの化石ですから、サンゴが水に溶け込んでいるなら、体には水とともに最も確実に自然に取り込まれていきます。人間だけでなく、植物も同じように水から取り込ませるのが最良の形です。

そのような水の活水装置があります。これを通した水は腐りません。腐らないということは、その水によって血液も同じように酸化しにくくなるということになります。

野菜で同じような役割を担っているのがレンコンとサトイモです。

そこで、レンコンを擦りつぶして小麦粉に溶き、フライにして食べるということなどもやっていますが、カルシウムは一、二回取ったからもういいというわけにはいきません。やはり時間がかかります。日常の食事に組み込まれていないと、なかなか充足できるものではありません。

また、植物へのカルシウムとマグネシウムの取り込みは、あらかじめイオン化させたうえで取り込ませています。（神谷先生談）

ニンジンとネギ、ナスとタマネギについても触れておきます。ニンジンは夏ニンジンのほうが太陽エネルギーを十分に蓄えていて、糖度も栄養価も高くなります。本来のニンジンはにおいがありません。糖度も高いので食べた方は一様に驚かれます。

この食材も欠かせませんので、薄くスライスし乾燥させて保存します。そのようにして一年中取れるようにしています。

また、ネギは柔らかくて体温をすぐに上げてくれるものです。青い部分と白い部分では役割が違います。青い部分はカルシウムが多く、白い部分は体温を上げてくれます。

ナスも一年中ほしいものですが、ナスについては一年中なり続けるように栽培していくことができるようになりました。

タマネギは血液をサラサラにするわけですが、大きくつくったほうが生活上は重宝しますので大きく育てています。

このタマネギが一般と違うのは、生きた状態（生長点を壊さない）のまま一年間保存できるという点です。

⑩　発酵の力

最後に発酵にも触れておきます。

野菜の中に残留している硝酸態窒素とアミノ酸態窒素は動物に食べさせれば死んでしまいます。それぐらい問題があるものです。

しかし、その野菜を発酵させるか、天日干しして乾燥野菜にすれば無害化することができるのです。

発酵させて食べるのは食の基本中の基本ですが、この発酵に真剣に取り組んだのが徳川家康です。家康の時代の死亡年齢はだいたい五十歳から五十三歳ぐらいだったため、みんなをもっと長生きさせるに「発酵食」の普及を行ったのです。

八丁味噌という味噌をつくって普及させたのですが、この重しが単なる発酵以上に生命エネルギーをよび込むのです。

また、大豆からは納豆ができます。大豆の中にはビタミンはありませんが、この納豆菌が媒介することで、ビタミンが出てくるのです。

毎朝の一杯の味噌汁で放射性物質が体外へと排毒されていきます。

七十五歳になってメガネが不要になられた神谷先生の奥様
なんで視力が回復できたのだろう
あれから十年以上経ってもメガネいらず
ゴボウ茶説が有力らしい？（大下）

50　ジャガイモが六〇センチ四方で最大四五キロの収穫（外国での成功例）

六〇センチ四方の木枠の中で、ジャガイモが最大四五キロ収穫できる。

この栽培法はアメリカのジャガイモ栽培農家グレッグ・ラトブスキー氏が一九九三年から実践し、成功している栽培法である。化成肥料や農薬や除草剤を用いているかは不明である。

また、栽培する種イモの種類も、枠内に何個を植えるかも不明である。

　彼はこの栽培法を二十年以上実践していることになる（シアトルタイムスに掲載された記事がもととなっている）。真似してやってみたが、温度管理が難しい。高温になり過ぎるとジャガイモは溶けてしまう。アンデス種では三段目まで成功した者がいるのだからできないはずがない。知恵を出しあって成功を手にしたい。土に空気が入るようにする工夫も必要だ。

　ジャガイモの茎の成長に合わせ六段の木枠を順に重ねて下から収穫していき、下の段から収穫していくのが理想だが、手の込んだ栽培キットによらなくてもいいのではないか。
　同じサイズの発泡スチロールを重ねて上にのせるほうの底をくり抜いていってもいいし、果樹用のポットで土を成長に合わせて積み増していってもよさそうだ。土の露出面はマルチシートかその代用品で覆いをする。

一般的には種イモ一個から二キロ程度の収穫だから、もし成功すれば最大二一・五倍にもなる。

すると屋上を利用できる方は周囲にぐるりと栽培キットを並べれば、結構な規模のジャガイモ栽培ができるということになる。四十個並べれば一・八トンの収穫が可能ということになる。

念のため下には耐根シートを敷くようにする。発泡スチロールを下敷きにしてもいい。うまくいけばいつでも新ジャガが取りたて（マイレージゼロ）素手掘りで収穫できる。

毎日、「新ジャガ」を食べて健康回帰する！（皮はいつまでも薄皮なわけではないが、皮ごと食べられることには変わりはない）

土の中にある分には紫外線が当たらないので、皮ごと食べられる最高の食材となる。なにより放射線照射や除草剤・農薬づけのジャガイモから逃れられる。

近くに病気がちの子どもがいたらお裾分けをしてあげたらいい。（大下）

51　日本の特性　世界中でこんな裕福な国はない

この国は、そのすばらしさに気づきさえすればなに不自由なく、過不足なく生きていけるように何者かによって仕組まれている。

私たちの穏やかな日常はまずこの日本のすばらしさを知り、なにごとにも動じない「こころの調和」の位置に立つことから始まるのである。

政治や組織に依存すれば、不安と悲観に導かれて日常を嘆き続けることになる。そこから解き放たれればそれらの思いから解放され、精気に満ちた自分本来の「創造意識」で生きられるようになる。

すばらしきかな「日本」！

古代から途切れることなく続く奇跡の国家が、この地球上に一つだけ存在している。

少なくとも二千年以上は続く万世一系の皇統を仰ぐ国家である。最古にして最長の歴史を持っている。誇り高き国である。

人類で二百年以上、戦争もなく平和を保った国の例は、世界中で二例しかない。それが日本、一つは平安時代、そしてもう一つが江戸時代なのである。

太古から、五十の言霊による美しい言語が連綿と受け継がれてきた奇跡の国でもある。平安時代の女性文学は世界に例を見ない。

それよりさらに古い時代の、七二〇年前後の記録（風土記）では、庶民がごく日常的に男女間で和歌のやり取りをしている。その集いを「歌垣」という。これが全国的に行われていたのである。

すると、文字がなければ和歌は広がらないということに気づかされる。この国を除いて、世界中にそんな国が存在した痕跡はどこにもない。

日本の森林面積は集落跡の山林化を含めれば、もう国土の七〇％に迫っているだろう。酸素という生命の命綱を生むだけでなく、水を貯えては供給し、海の命をも育む森林が、この国においては破壊されることなく残され続けてきた。しかも、原生林までもが残されているこの現実は私たちの誇りなのである。

日本は、最高の農地を休耕地として遊ばせていてもなにも困っていないほど恵まれた国なのである。休耕地は豊かさの証なのである。

米の自給率は「赤ちゃんも高齢者も毎月一人五キログラム食べるとして計算」しても一一五％となる（平成二〇年データ）。副菜の野菜も現在の自給率で八〇％を超えている。

もちろん非常時には容易に一〇〇%自給できるととらえていい数字なのである。いざとなれば、いつでも遊ばせている耕作地をフル活用して穀物一〇〇%自給に回帰できる恵まれた国なのである。

農地の分布は「アフリカのモロッコからヨーロッパのフランス」の緯度に相当する広がりを持ち、新鮮で豊富な農産物が国内自給されている。過去二千年以上同じ田んぼなのに米の連作障害がない国なのである。

四季が豊かで砂漠がないうえ、雨量も気候も他国がうらやむ農業最適国である。農業用水路が地球を何周もする。あり得ないほど恵まれた国なのである。

網の目のように張り巡らされた輸送網は、山奥の個人宅への翌日配送すら可能にしている知恵の国である。

農薬や除草剤などで荒れた農地も、既に日本の研究者たちは自然物で自然に回帰させる方法を確立している。まさに本書でもそれを紹介している。絶望視するにはあたらない。

海洋国日本は、世界で四番目に広い大海を有し、当然ながら、海産物をいつでも一〇〇%自給できる。真剣に取り組んでいないだけなのだといえる。この国の海岸線の長さは世界第三位で、アメリカより長いのである。このことは海藻や魚介類など、生態系の豊富な海であることを意味している。

初夏になれば国土の大半が田んぼという名の「湖」となる。こんなみごとな国が私たちの国なのである（田んぼの水で空気が富んでいく）。


世界に類を見ないのは、日本が一億人を超える人口大国でありながら「平均寿命が世界一の高齢国家」であり、なおかつ、「成熟経済国家」であるということである。しかも、この高齢者は概ね「聖（ひじり）」ととらえてよいといってよさそうだ。

この国の高齢化は、何者かによって用意された「人類調和への必然」なのだととらえたほうが、可能性が広がっていい。

「十二歳までに民族の神話を学ばなかった国は、例外なく滅ぶ」

これは、歴史学者アーノルド・トインビーの話だというが、日本は「記紀」のおかげで神話の豊富さでも世界に類を見ない。そして、日本の「アニメ」は世界中の子どもたちへの「神話」の役割を果たしている。

子どもたちは空気に触れるのと同じように、ごく自然に日本発の「アニメ」から、日本の意識の原風景を深層に刷り込んで育っている。

いまや、世界中の子どもたちが「日本文化」に育まれ、日本の風土に馴染みながら育っているといえるのではないか。

あの地震での日本人の行動を含め、メンタル面で日本的情緒が世界中に知らされ、人々に感動を与えたのである。人の生き方は知ってしまえば変わる。感動は人々の行動に影響していく。日本の利他の精神は静かに広がっていくのだと思う。

以前は、「おしん」という作品が世界の多くの人たちの共感をよんだ。

着実に「日本の精神文化」が、「やがて訪れる利他共生の和みの時代」の下地となっていく予感がしている。

世界中に日本の食文化が広がっている。一つは「寿司という名のロー（生）フード」であり、一つは「マクロビオティックという名の和食」である。和食の大もとは「発酵食文化」である。テルアビブだけで二百軒のすし屋があるとうかがった時には本当にビックリした。

海藻は、人類の中で日本と隣国以外は食べる習慣がなかった。お刺身を含め、人類が「海」を食するようになってきたことの意味は大きいと思う。発酵文化と海藻魚介食は、人々の受容性を増し、思いやりを深めていくといわれている。

やがて人類が食糧難を経験するとすれば、「玄米和食」と発酵飲料によって克服されることになるだろう。

一日一食でも、むしろ健康に回帰し、健康が維持される。味噌、醤油、納豆等、発酵がベースのスローフードでもある。食は思考を変え、やがて生き方を変える。

なにより私たちは、本書に紹介したような技術（農業分野だけではない）で、人類が百億人になっても賄うことができるという光明を得たのである。耕せば自然が蘇生していくのである。そして、人類は結局、食と農に立ち返るのである。日本人が、日本人の技術が世界の農を変えていく。現実に神谷成章氏の技術が世界に広がっている。

与え上手で謙虚な、東洋の微笑みを持つ人類到達域のひな型の国、それが日本である。

私たちは幸運にも、「人類史上最大の変化」の時代を経験させられている。いま、この時代に、この日本という最高の舞台を踏ませていただいているという幸運に感謝しあいたい。

私たち人類には、大自然との調和を果たす責任があるのだと思う。しかも、その橋渡し役の日本人には、謙虚に黒子役を演じる能力が備わっている。

良心に従い、先祖の願いとともに、謙虚で寛容な利他共生の精神宇宙に漕ぎ出していきたいものである。

私たち日本人にも「人類調和と、自然・天然（しぜん・てんぜん）との大調和」の夢がある。そして、私たちにはそれができる。

自他貢献の価値ある今生の旅を同道しよう。

あとがき

この書には、私自身が感じてきたたくさんのわくわくが満載されております。

実はもっといろいろなことを紹介したかったのですが、それらはまたの機会にさせていただきます。

本書でたびたび登場している超好熱菌のことですが、私たちが普段話題にしている酵母やバクテリアなどとはまったく違う微生物で、地球上のすべての生命体の始まり、「始原菌」だということです。

二〇一三年の中頃、日本の研究チームによって、生命の始原菌としての特徴が確認され、地球上に登場した最初の生命体であるとの発表がなされています。海底熱礁やマグマなどの超高温域にも生息できて、一応の線引きは八〇度とも八五度ともいわれております。

好熱菌との出会いは、弱った腸を蘇らせる存在だという友人からの情報でした。

どうも始原菌は生きものを元気にする存在のようだという印象がありましたが、水素を量産してくれるからではないかと思っています。

本書では農業への利用を紹介しているわけですが、考えてみれば土壌の内部は人間の小腸と同じ、発酵場なのですよね。

たとえ腐敗の場であっても、発酵場に変えて発酵の温度域にまで高めてくれる。そして、腐敗を助長する菌の餌を断ち切ってしまう存在なのでしょう。

カーボンは無機（鉱物・ミネラル）ですから、カーボン化（炭化）資材は微生物にとって餌にはなり得ない物質です。

実はこの炭化資材ができあがるまでに、たくさんの成果物が生成されているのです。確かに農業分野でもとてつもない働きをするわけですが、是非それ以外の分野でも使ってほしいと願っております。

以下、主だったものを列記してみます。

野外に堆積させた木くずや皮や枝葉に好熱菌をかけると一〇〇度以上の熱が発生し、一年後でも六〇度を超える温度を発生させています。

やけどをするぐらいの温度が生まれ続けているということは、暖房やお風呂や給湯に使えるということになります。発電もできてしまうではありませんか。しかも廃棄物を良質な農業資材に仕立ててくれるわけです。

それから、石炭ができます。「石炭上の固形物」ができるといい直しておきます。

水素が高速で大量に発生し続けている。ヒートテックというカーボン繊維が開発されている。

実は、穀類のパルプを炭化（カーボン化）して農業資材とする過程の三か月で、石炭状の固形物ができてしまうのです。私も現物を持っていますが、確かに石炭です。

カーボンだからあたり前だろうと言われてしまいそうですが、これを燃やせば地球を掘り返す必要がなくなるかもしれません。一一〇〇度以上で燃焼している炉にくべれば燃えるというのです。

この石炭状固形物に注目する声が広がり出しています。電力会社、鉄鋼会社、商工業施設などの新たなエネルギー源として活用されていく可能性を秘めております。

超好熱菌は大量の水素を高速で発生させるため、多くの研究機関が「水素電池」の研究を進めています。水素電池開発で超好熱菌が注目の的となっているのです。

その超好熱菌が、宮崎大学や神谷先生の炭化製造プラントで既に大活躍をしているのです。

水素が大量に発生していることは確実なわけですが、有効利用がなされないまま空中に放出され続けているということになるのでしょうか。まあ、そんなこともないでしょうが。その神谷先生たちの水素がどのように、どのような分野に活用されていくのでしょう。非常に興味深いですね。いや、他人ごとではありません。自分も当事者になり得るのです。動物と植物の体液の中の水素は、「免疫を高め、あらゆる病気を遠ざけ、老化を遅らせる働きをなしている」というのです。すると、近くに製造プラントをつくったならば、いいことづくめということになります。

また、この炭化（カーボン化）資材の生成過程で、もう一つの成果物が生まれています。いまやヒートテックという繊維素材として、多くの方に利用されていますが、なんとこれにも発明家・神谷先生が開発にかかわっていらっしゃるようです。最高齢でのヒマラヤ登頂をなさった三浦雄一郎さんがはいていたタイツを神谷先生ご自身も着用なさり、くじいた脚を数日で完治させてしまわれました。

化成肥料はいまや、すべて外国のものに頼らざるを得ない状況になってきております。二〇一三年は一時期、連日百円ずつ値上がりをし続けたともうかがっております。果樹に群がる虫もしたたかに進化しているため、農薬がどんどん高価なものになっているとのことです。

言い換えれば、新規参入者にとって農業は魅力ある分野になってきているということにな

ります。なにしろ、化成肥料も農薬も、消毒剤も除草剤も必要とせず、冬のハウスの暖房費

も大幅に減らすことができます。

どうしてもハウスに暖房を入れないと不安だという人は、ハウスの隣に木くずや枝葉や穀類廃材を積んで、その熱をパイプでハウスの土壌に引き込んだらどうです。カーボン資材は販売することだってできます。家のお風呂や給湯や暖房にも使えて、水素をたくさん吸い込んで元気になり、子どもが野菜を喜んで食べてくれるのです。

実は私も試験用栽培用のハウスと、その隣に発酵場を設けパイプでつないで上記の真似ごとを始めております。

初植えは二〇一四年一月七日です。ささやかにトマトの苗、十二本から始めます。

カーボン資材の製造プラントは太陽光を利用することで資材がつくられていきます。自分で事業化してみたいとお思いの方は、お問い合わせしてみたらいかがでしょう。

小型のプラントは二百万円ぐらいでできるとのことです。

日々を不安情報に踊らされて生きるのも人生なら、自然の摂理を読み解きながら、創造を楽しむのも人生です。
しなやかにしたたかに今生の旅を同道いたしましょう。

四国愛媛県愛南町の自由芸術農園の栽培ハウス前にて　大下伸悦

大下　伸悦　（おおした　しんえつ）

略歴

ＧＯＰグリーンオーナー倶楽部主宰。
夢を持って楽しく生きる会・幸塾専務理事。
新日本文芸協会顧問。作家名：小滝流水。
伊勢神宮の神代文字奉納文・保存会代表
ＧＯＰでは、日本の農業を救う具体案を実践を通じて提示する。
夢を持って楽しく生きる会・幸塾、ＧＯＰホームページコラムにて
最新情報を発信。
１９４９年、岩手県久慈市生まれ。

著書一覧

幸せを引き寄せる食と農	新日本文芸協会オメガ
言霊百神	新日本文芸協会オメガ
冬の農地が凍らない	新日本文芸協会オメガ
親子のかたち	新日本文芸協会
つきの玉手箱	新日本文芸協会
生活費を減らして健康になる	新日本文芸協会

★ＧＯＰグリーンオーナー倶楽部　http://www.gop55.com/
★二十一世紀幸塾　http://www.saiwaijyuku.gr.jp/
★新日本文芸協会　http://www.sn-bungei-kyoukai.com/
★伊勢神宮の神代文字奉納文保存会　http://hounoubun-hozonkai.com/

新時代の食と農業へのいざない

発　行・2014 年 4 月17日　初版第一刷
　　　　2021 年 9 月15日　新版第一刷

著　者・大下　伸悦

発行者・峰村　純子

発行所・株式会社ミネムラ
　　　　新日本文芸協会オメガ
　　　　〒252-0216 神奈川県相模原市中央区
　　　　　　　　　清新 2-3-5-202
　　　　電話　042-851-3707
　　　　http://snb-omega.com

発売元・星雲社（共同出版社・流通責任出版社）
　　　　〒112-0005 東京都文京区水道 1-3-30
　　　　電話　03-3868-3275

印刷
製本・藤原印刷株式会社

ISBN978-4-434-29428-0　C0061

□商品の入手先

株式会社
日本エコテック

微生物製造システム
超好熱菌によるカーボン資材全般
〒445-0823
愛知県西尾市神下町 8
電　話　0563-57-4160
ＦＡＸ　0563-54-0164
担当者　酒井 進

株式会社
吉良商店

超好熱菌によるカーボン資材全般
〒444-0501
愛知県西尾市吉良町駮馬内ノ山 23
電　話　0563-35-0489
ＦＡＸ　0563-35-0815
担当者　神谷 保徳
※神谷成章先生の会社です

株式会社
日田中央木材市場

超好熱菌によるカーボン資材全般
〒877-0078
大分県日田市大字友田 2468-3
電　話　0973-22-5117
ＦＡＸ　0973-24-2100
担当者　十時 和之

株式会社
忍建材

超好熱菌によるカーボン資材全般
〒444-0213
愛知県岡崎市坂左右町字葦ノ部 27
電　話　0564-55-1853
ＦＡＸ　0564-55-1854
担当者　山崎 忍

有限会社
ヤマガネ商事

超好熱菌によるカーボン資材全般
〒444-0004
愛知県岡崎市保母町字木崩 1-66
電　話　0564-47-3345
ＦＡＸ　0564-47-3347
担当者　鈴木 由夫

有限会社
浜名農園 光郷城 畑懐（はふう）

在来種の種と土
〒430-0851
静岡県浜松市中区向宿 2-25-27
電　話　053-461-1482
ＦＡＸ　053-461-1461
担当者　中村 訓

オメガ出版の既刊・DVDのご案内

続 新時代の食と農業へのいざない

冬の農地が凍らない　大下伸悦著

1,650円（本体1,500円+税）

零下10度でも野菜が栽培できる
そして完成！草の生えない土づくり

さらに進化した神谷成章の農業技術の紹介と、学んだ人々の実践例。冬でも農地が凍らない画期的な凍結防止剤とその使い方、草の生えない農地の作り方、摘みたてサラダくらぶのノウハウを写真入りで掲載。この本を片手に、ベランダで摘みたてサラダを作りませんか。

幸せを引き寄せる食と農　大下伸悦著

880円（本体800円+税）

一本のニンジンが人生を変える
〜神谷成章の世界〜

食べているだけで、健康になる米や野菜があります。知恵をまなび、大地に感謝して野菜を育ててみませんか。初版があっという間に売り切れ、現在すでに6刷りです。ご注文が絶えません。

言霊百神　大下伸悦著

880円（本体800円+税）

真・善・美の宇宙
〜みえないピラミッド トーラスのりんご〜

古事記は言霊の書かもしれない。言霊研究家の著者が、長年の研究のもと、古事記と言霊との関係を読み解く。言霊ファン待望の書。

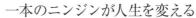

神谷成章先生の初のＤＶＤ

５,０００円（本体４,５４６円+税）

「食と農について～食と農と健康の祭典2014 in 岡崎より」の講演録

２時間４０分の講演の中では「死んだ土と生きている土の違い」や、実際のトマトなどを見ることができます。本には載っていないさらに進化した神谷先生からリアルに知恵を学ぶことができます。農を実践される方は必見です。

神谷成章先生の DVD 第二弾

５,０００円（本体４,５４６円+税）

「食と農についてⅡ～食と農と健康の祭典2014 in 相模大野」の講演録

岡崎の講演からさらに進化した神谷先生の世界を学ぶことができます。「これからの農業について」「ハイテク農業について」「土の重要性」「ジャガイモについて」「水の原理」「炭化肥料の効果」「栄養がある植物の作り方」など。

神谷成章先生の DVD 第三弾

５,０００円（本体４,５４６円+税）

「食と農についてⅢ～食と農と健康の祭典2015 in 相模大野」の講演録

「水の重さについて」「土の pH の重要性」「セイショー式農法の紹介」「免疫について」「資材について」「生きたものを食べる」「胚芽のとれない米作り」など 2 枚組（合計 2 時間 43 分）。

神代文字で書かれた

大御食神社社伝記に学ぶ（壱）　伴崎史郎著

1,980円（本体1,800円＋税）

長野県駒ケ根市にある大御食（おおみけ）神社。ここに残されている神代文字で書かれた大御食神社社伝記を読み解きます。古代文字を解読できる古代文字便覧を収載。

神からの手紙　第1巻～第7巻　たいらつばき著

各1,650円（本体1,500円+税）

「あなたは愛されています。自分を大切にしてくださいね」という神からのメッセージ。人生への応援とヒントが詰まっています。第1巻：第1章日本の在り方、第2章神の期待、第3章悟り、第2巻：第4章体、第5章愛、第3巻：第6章人の生き方、第7章祈り、第8章この世、第4巻：第9章あの世、第10章お金、第11章あの世2、第5巻:第12章時間、第13章命、第14章魂、第6巻：第15章悟りと覚醒、第16章感情、第17章意識、第7巻：第18章愛のあり方、第19章幸せ、第20章新しいこの世。

宇宙のすべてがあなたの味方　山川亜希子・PICO著

1,650円（本体1,500円+税）

２０１５年さがみ健康クラブで開催された「山川亜希子さん・PICO さんジョイント講演会」の講演をもとに、亜希子さん、PICO さんからのさらなるステキなメッセージを加えて凝縮させた渾身の一冊。

山川紘矢さん講演 DVD 幸せに生きる in 相模大野

2,035円（本体1,850円＋税）

2014年3月15日、さがみ健康クラブで行われた山川紘矢さんの講演録です。エネルギッシュでパワーあふれる紘矢さんのメッセージは、聞く人の心を根底から揺り動かし、ハートには愛を入れてくれます。あなたも紘矢さんのメッセージに触れ、幸せに生きてみませんか?

宇宙のすべてがあなたの味方（DVD）

3,300円（本体3,000円+税）

2015年9月6日、さがみ健康クラブで開催された「山川亜希子さん・PICO さんジョイント講演会」の講演録。シャーリー・マクレーンの『アウト・オン・ア・リム』など多数の翻訳で知られる山川亜希子さんと人気ブロガー PICO さんの夢のジョイント講演を余すところなく収録しました。自分らしく、楽しく幸せに毎日を過ごしたい方必見です。

精霊と共に生きる（DVD）

3,300円（本体3,000円+税）

2018年6月さがみ健康クラブで開催された山川紘矢さん、山川亜希子さんの講演を収録。いまあなたに最適なメッセージがお二人のエネルギーと共に込められています。2 枚組（合計 2 時間 18 分）。

大鵬神功～中健次郎　気功講習会（DVD）

4,070円（本体3,700円+税）

2014年12月さがみ健康クラブで行われた中健次郎さんの気功講習会を収録。2枚のディスクに5時間10分にも及ぶ講習会の様子が余すところなく収録されています。DVDを見ながらご自宅でも気功を始めてみませんか？

共鳴する魂のエネルギー　保江邦夫・中健次郎講演会（DVD）

3,300円（本体3,000円+税）

2015年7月11日、さがみ健康クラブで開催された保江邦夫さん、中健次郎さんの講演会と対談を収録。お二人の今までのスピリチュアルな経験と、そこから学んだ叡智が語られています。中健次郎さんのお話と気功の実践に加えて、奥様の暢子さんとの華麗な舞も収録しました。2枚組（トータル2時間42分）。

日本のこころを思い出す（DVD）

3,300円（本体3,000円+税）

2016年5月さがみ健康クラブで開催された、Aikaさん、矢作直樹さん、中健次郎さんの講演と対談を収録。Aikaさんの歌と舞、矢作さんの講演、中さんのお話と気功の講習など盛りだくさんの内容です。2枚組（合計3時間28分）。